前端Serverless

面向全栈的无服务器架构实战

杨凯◎著

電子工業出版社
Publishing House of Electronics Industry
北京•BEIJING

内 容 简 介

本书以云原生（Cloud Native）技术为背景，讲述了 Serverless 的基本原理与实战应用。书中首先探讨 Serverless 与当前云计算技术和前端技术的关系，随后分别从 Serverless 的两大能力（FaaS 和 BaaS）展开，探讨了它们的历史由来和底层原理，并且结合实际应用场景，有针对性地提供了操作指南。本书从手动构建一套基于进程的 FaaS 架构开始，之后深入剖析云计算服务的内核，阐述其背后的原理和思想，从而让读者理解下一代软件架构的本质。

本书主要从前端研发人员的视角介绍 Serverless 的原理及应用。相信无论是希望了解更多服务端技术的前端研发人员，还是已经涉足后端但希望了解更多云原生技术的全栈工程师，或是希望通过 Serverless 提升团队研发效率的架构师，都会从阅读本书中获益良多。

图书在版编目（CIP）数据

前端 Serverless：面向全栈的无服务器架构实战 / 杨凯著. —北京：电子工业出版社，2021.5
ISBN 978-7-121-40981-3

Ⅰ. ①前… Ⅱ. ①杨… Ⅲ. ①移动终端－应用程序－程序设计 Ⅳ. ①TN929.53

中国版本图书馆 CIP 数据核字（2021）第 068382 号

责任编辑：张春雨
印　　刷：三河市君旺印务有限公司
装　　订：三河市君旺印务有限公司
出版发行：电子工业出版社
　　　　　北京市海淀区万寿路 173 信箱　　邮编：100036
开　　本：787×980　1/16　印张：15.5　字数：325.4 千字
版　　次：2021 年 5 月第 1 版
印　　次：2021 年 5 月第 1 次印刷
定　　价：89.00 元

凡所购买电子工业出版社图书有缺损问题，请向购买书店调换。若书店售缺，请与本社发行部联系，联系及邮购电话：（010）88254888，88258888。

质量投诉请发邮件至 zlts@phei.com.cn，盗版侵权举报请发邮件至 dbqq@phei.com.cn。

本书咨询联系方式：（010）51260888-819，faq@phei.com.cn。

序　一

蒋江伟（小邪）

阿里巴巴合伙人/阿里巴巴集团高级研究员/阿里云基础产品负责人

Serverless 属于一种架构模式，其初衷很简单，就是提升同质编程模型的研发效率。随着云计算、互联网分布式技术的发展，Serverless 也站上了重要的历史舞台。Serverless 可以大幅度缩减分布式架构中遇到的挑战，在提升研发人员研发效率的同时，解决了分布式的难题——具备资源弹性、低成本、高可用三个关键架构要素。同时其研发质量可以很好地受控。它是企业面对灵活多变的业务需求下非常好的架构选择。比如在开放平台场景中，服务端工程师通过开放平台透出的每一个服务都可以通过简单脚本进行封装后发布为针对不同端的服务。其简单有效，并且无须关心计算、存储、网络等资源的弹性问题。同时，所发布服务的质量可以通过配套的测试流程模块来严格保障。由于脚本的运行时态处在一个安全的高质量的环境中，因此不容易犯错；另外，研发过程中本来需要注意的很多技术细节问题，也可通过平台来统一解决，类似代码执行效率低、安全性问题、潜在的 bug 等都可以被提前识别出来，最终实现高效率的业务迭代。

Serverless 使得平台和逻辑被严格分离，并进一步进行了分工。其编码简单，人家经过适当的学习培训，就能够编写出原来需要大量非常优秀的工程师才能获得的结果。Serverless 的架构理念几乎可以应用于现在所有的软件研发场景、多端场景、平台开放服务场景、数据库服务场景。当然最典型的要数大数据的各种计算场景。已有证据表明，Serverless 的运用使大数据研发场景的效率得到 10 倍级别的提升。这使得 BI（Business Intelligence）的工程师也能利用简单编程来实现复杂的数据分析计算。阿里云上的函数计算也是典型的通用型 Serverless 平台，可以通过编写脚本实现逻辑，包括对数据的获取、逻辑处理，以及格式化输出和写入。这样对程序员的要求就降低了很多，因为不用考虑搭建服务器、搭建数据库，以及选择文件系统、配置网络、负载均衡等基础产品，也不用考虑计算存储网络资源的弹性问题、资源运维问题，而且还可按需计费。看起来唯一需要关心的就是逻辑。该平台是编写简单任务的非常好的平台，可应用于简单 Web 应用、监控运维、音/视频处理、AI 大数据处理等场景。我曾经致力于研发一款面向普惠在线业务场景的 Serverless 平台，用来解决电商研发效率的问题。电商系统架构复杂，是大型的分布式系统，对数据的一致性要求较高，同时会有高并发的流量。如果这个场景能被 Serverless 平台解决，那么 Serverless 才算真正走向了“舞台”的中央。由于一些原因，时至今日我还没有完成这个产品。有的原型产品为了避免对业务本身架构的侵入，设计得过于通用，以致不够高效和一体化，像一堆工具的堆砌；而有的原型产品设计得过于专用，只能满足一些特定的业务场景，以致只能简单地进行模板的替换，解决一些经常变化的逻辑，适用范围较小。总之，本人还需要继续努力。

本书作者的经验来源于实践，其对很多问题都有深刻的思考，书中的很多内容对于读者都颇有借鉴意义。

序　二

杨皓然（不瞋）

阿里云 Serverless 负责人/阿里云函数计算负责人

过去的 10 年，云取得了巨大的成功，并深刻地改变了企业创新的方式。只需要简单的 API 调用就可以启动成百上千台机器，算力的获取变得前所未有的简捷。但如何管理和有效地利用海量的算力则是极具挑战性的事情。资源水位管理、机器扩容/缩容、网络配置、安全补丁升级、搭建监控报警系统等工作过于底层化，像一条巨大的鸿沟，横亘于前端开发者和云之间。前端开发者是离云最远的开发者群体。

下一个 10 年，云的使命是，赋能于 10 倍规模的开发者，让他们能够高效地利用算力构建各种类型的应用，快速迭代创新。这是云的进化动力，也是 Serverless 诞生、发展、壮大的逻辑。因此，我们看到 Serverless 产品版图在飞速扩大，计算、存储、数据库、中间件、大数据等越来越多的新产品或者新功能已经呈现出 Serverless 的形态。各种云服务的 API，不只是为开发者提供了算力，更是成为构建应用的基本元素。Serverless 将成为云的新一代编程模型。

前端是一个飞速发展的技术领域，从基于 Ajax 的前后端分离，到基于 Node.js 的前端工程化和全栈化，每一次变革都因革命性的技术而兴起，最终又推动了前端开发模式的变化，大大拓展了前端开发者的能力范围。而 Serverless 的出现毫无疑问是前端领域迄今为止最具革命性和长远影响力的一次变革。Serverless 让前端开发者有能力驾驭云的强大力量，可基于丰富的云服务 API 构建资源弹性、高可用、低成本的应用（而无须管理和运维基础设施），并真正成为业务创新的核心力量。

Serverless 将填平前端开发者和云之间的鸿沟，但这不是一蹴而就的。开发者在学习 Serverless 时，面临概念不清、场景不明、难以落地等困难，甚至对其还有很多误解，本书则致力于解决这些问题。作为一名经验丰富的前后端全栈专家，杨凯显然对 Serverless 所蕴含的巨大潜力以及落地挑战有非常深刻的认识。在本书中，他对 Serverless 的概念、源起、现状和未来做了清晰的阐述，也将自己非常丰富的 Serverless 实战经验进行了提炼、抽象，以帮助广大开发者理解、掌握相关知识。

本书结构清晰，内容翔实。书中首先介绍了 Serverless 的概念、优劣势，以及相关联的前后端技术。接下来以前端领域中的典型场景为例，对 Serverless 架构、复杂应用构建、工程化实践进行了深入的剖析。本书既有方法论，又有实战案例，对 Serverless 技术进行了全面系统的解读，是一本为前端开发者量身定做的、值得一读的 Serverless 图书。

Serverless 将改变我们看待和使用云的方式，也将重新定义价值交付的方式。衷心祝愿本书能成为广大读者 Serverless 旅程的起点。

前　言

本书主要面向有一定 Node.js 实战经验的全栈工程师。其中的示例代码均采用 JavaScript 编写，该代码在 Node.js 12.x 的运行环境下可正常执行。因此，如果读者熟悉 Node.js 编程，就会对其中的示例代码有更充分的了解。不过对于前端研发人员来说，在熟悉 JavaScript 的基础之上，学习 Node.js 应该是非常容易的。本书的定位是让前端研发人员能够快速地了解并掌握服务端编程。因此，即使没有 Node.js 经验的前端研发人员，理解本书中的示例也并不困难。

本书并不假设读者已经具备任何云原生的研发经验，或任何云计算平台的使用经验。但如果读者在这之前已经具备相关经验，将对学习本书的内容有所助益。

示例风格

本书的部分章节将包含示例代码，它们均以统一的风格编写而成，希望读者能够将这些示例代码放在实际的运行环境中进行实践，以加强对相关内容的理解，从而可以在今后的实际工作中更灵活地应用书中的内容。另外，本书的部分章节使用了特定的云计算供应商提供的环境，作为示例代码的运行环境。由于目前 Serverless 并没有形成行业规范，因此示例代码可能并不能直接应用于不同的云计算供应商。若有需要，读者可以自行对其进行小幅调试，以适配不同的云计算供应商。

内容结构

本书整体分为三大部分。

第 1 部分（第 0~4 章）将从 Serverless 对前端的颠覆性影响入手，讲述什么是 Serverless 思想，以及在云计算时代为什么需要 Serverless。通过对本部分的学习，读者可从宏观层面感性地认识到 Serverless 与当前已有技术的定位关系，明确它与这些技术的合作模式，并可更全面地认识到 Serverless 给研发和运维所带来的巨大变化。

第 2 部分（第 5~9 章）将着重探讨 FaaS，它是 Serverless 核心思想的实际应用技术。我们将首先在云计算供应商所提供的 FaaS 产品中体验它与传统研发模式的不同，再深入其内部，了解它的核心设计思想和原理，最后动手实践一套简单的 FaaS 架构。通过对本部分的学习，读者可更透彻地理解 FaaS 的内部机制，以便在实际业务场景中更灵活地应用 FaaS。

第 3 部分（第 10~14 章）则将视角转向 BaaS，它是 Serverless 的另一大分支体系。BaaS 的出现，让应用的研发成本大幅度降低，并使得如数据库、缓存等服务端技术的使用变得十分便捷。本部分将从 BaaS 的基本理念开始介绍，并通过实践，讲解最核心的三大 BaaS 产品，即数据库、文件系统和用户身份认证系统。通过对本部分的学习，读者可掌握 BaaS 的使用技巧，从而在今后的应用研发过程中只需要关注前端部分的工作，而后端的各种服务端技术则完全通过 BaaS API 来实现。

章节概览

第 0 章从 Serverless 对前端的颠覆性影响入手，从三个方面剖析 Serverless 的价值导向与实践意义，为读者开始学习后面的完整体系，奠定认知基础与定位坐标。

第 1 章将从 Serverless 的起源谈起，介绍其基本理念以及 CNCF Serverless 白皮书对它的定义，并从广义定义和标准定义两个角度来阐述什么是 Serverless 架构。随后，将结合前端架构的演进，探讨为什么在基于 BFF 前后端分离的技术上，前端应该使用 Serverless 架构，以及它的价值和意义。

第 2 章介绍 Serverless 架构的优势与劣势，通过案例讲解 Serverless 在服务端与前端领域中的不同应用场景。希望读者在了解了 Serverless 架构的特性和优势/劣势后，能够基于这些特点，探索 Serverless 的更多应用场景。

第 3 章将介绍 Serverless 与各个服务端技术之间的关系，并介绍如何从传统架构和微服务架构逐渐迁移到 Serverless 架构。

第 4 章将介绍多个与 Serverless 相关的前端技术，以及如何从 BFF 迁移到 Serverless 架构。另外，本章还将介绍云计算供应商的 Serverless 服务为什么都采用 Node.js 语言作为其最初支持的语言，同时还将探讨 TypeScript 和 GraphQL 在 Serverless 中的应用场景和局限性。

第 5 章将介绍 FaaS 的基本概念以及函数的事件驱动、无状态特性等。通过分析这些特性，阐明 FaaS 技术的优点与缺点，大家能更容易地知道自己应该在什么场景下应用 FaaS。

第 6 章开始进入 FaaS 的实践环节。在本章中，将通过 3 种不同的方式，完成一个 HelloWorld 函数的创建、调试和发布。其中，通过控制台来管理函数，我们只需要有一个浏览器即可完成工作，但它无法管理超过一定数量的函数配置；而通过官方命令行工具，我们可以选择自己习惯的终端和代码编辑器，从而实现管理大型应用的目的。

第 7 章将介绍函数发布的内部细节，包括它是如何在云服务器中进行构建、部署的。此外，还将介绍在 FaaS 场景下，如何通过版本和别名的配置操作，完成服务的灰度发布和 A/B 测试。与虚拟机或容器镜像相比，对函数的管理将更简捷、自然。

第 8 章将介绍函数的触发与执行机制。函数触发器，实际上是云计算各个产品中的“黏合剂”，通过它的灵活运用，可以让不同的云计算产品有机地结合起来，从而提供更强大的服务。当函数被触发器调用后，会大致经历入口调用、运行时执行和日志输出 3 个阶段，本章将逐一进行介绍。

第 9 章将介绍如何从零开始搭建一个函数的运行环境。通过实践，读者可深入地理解 FaaS 的运转机制，包括如何保障函数的隔离性、如何限制函数的计算资源等。

第 10 章将进入 BaaS 的学习阶段。本章首先介绍 BaaS 的背景知识，通过了解云计算的不同服务模式，读者可感受到 BaaS 在研发中的定位。随后，通过对 Google Firebase 的介绍，读者可一窥 BaaS 所提供的能力。

第 11 章开始进入实践环节。我们将基于阿里云小程序 Serverless 平台和微信小程序，创建属于自己的 Serverless 应用。

第 12 章将介绍数据库方向的 BaaS 产品。本章首先简单介绍 NoSQL 背景，以及 MongoDB 的数据结构设计基本原则，随后，以阿里云小程序 Serverless 平台为例，介绍如何使用 BaaS 实现数据的持久化。与传统的数据库服务相比，基于 BaaS 的数据存储服务实现了开箱即用的能力，我们只需在控制台通过简单的配置，即可在客户端中对数据集进行操作，无须关注操作系统、数据库类型选择，以及数据库版本升级等一系列问题。

第 13 章将介绍 BaaS 的另一大产品——文件存储服务。本章将讲解如何通过 API 完成文件的上传和分发。

第 14 章将介绍与身份认证有关的内容。通过对 OpenID 与 OAuth 协议的学习，读者可了解应用身份认证与授权登录的区别。随后，我们将基于 Auth0 提供的身份认证 BaaS 产品来创建一个 Serverless 的身份认证系统。这样在不依赖任何后端服务的情况下，就能完成用户注册、用户登录以及密码找回等一系列功能。

读者服务

微信扫码回复：40981

◎ 获取本书参考资料链接[1]

◎ 获取各种共享文档、线上直播、技术分享等免费资源

◎ 加入本书读者交流群，与本书作者互动

◎ 获取博文视点学院在线课程、电子书 20 元代金券

1 本书提供的额外参考资料，如正文中的“链接 1”“链接 2”等，可从本页的读者服务处获取。

目　录

第 1 部分　Serverless 综述

第 1 部分

Serverless 综述

第0章
Serverless重新定义前端

《我们从何处来？我们是谁？我们向何处去？》——高更

随着云计算的大规模推广，我们经常听到一个名词：Cloud Native（云原生）。而在 Cloud Native 中被提及得最多的概念之一，莫过于 Serverless 了。然而，到底什么是 Serverless？它的标准定义是什么？怎样的架构才算 Serverless 架构？它的价值和优势是什么？我们探讨得很多，但实践得太少。这也许和 Serverless 长久缺乏标准规范有一定关系。不过，更主要的原因可能是作为普通研发人员的我们，很难从零开始实践 Serverless，并且更难以规模化地加以应用。实际上，Serverless 与现有的云计算各种技术体系并不是取代关系，而是一种补充关系。也就是说，当我们在讨论 Serverless 技术的应用时，并不是希望用它来替代原有的某些技术，而是结合业务的实际情况，将它融合到当前的技术架构中，最终有效提高生产力。要做到这一点，需要具有一定的架构经验，同时还需要具备对业务的深入理解和思考。就像我们在前后端分离中实践的 BFF（Backend For Frontend，即服务于前端的后端）架构一样，Serverless 更像在云端与终端之间的“BFF”。通过它，将云端与终端更好地“黏合”，最终实现“端云一体”的研发流程。

关于本书的由来，主要有以下三方面的原因。

0.1　意义深远的 Serverless

据各大云计算供应商对 Serverless 使用情况的数据统计显示，目前各 FaaS（Function as a Service，函数即服务，是 Serverless 的两大能力之一）平台中，主要的编程语言是 Node.js。其在所有支持的语言中，占比甚至超过 80%。也就是说，Serverless 的使用者几乎都是 Node.js 开发者。而在 Node.js 开发者中，又以前端研发人员为主。

为什么是 Node.js？又是什么原因导致了这一现象？作为前端研发人员中的一员，我们是否应该使用 FaaS 平台来构建应用？另外，Serverless 的另一分支 BaaS（Backend as a Service）又是什么？FaaS 和 BaaS 是什么关系？上述这些问题，正是我希望与读者进行探讨和交流的。

我认为，随着前端技术和业务复杂度的不断上升，以及 Cloud Native 技术的普及，Serverless 架构对于前端研发人员来说，是一个十分有利的基础设施，因为它可以极大程度地降低云端服务的研发成本。在云端我们经历了从传统大型机到服务器集群的演化，其间，虚拟化技术从虚拟机的方式演化到容器化的方式。可以看出，我们正在"走向"那些更加轻量、更具灵活性的解决方案，以便可以采用更细粒度的方式去调度自己需要的计算资源。另外，伴随着基于前后端分离的 BFF 架构在 Web 应用开发中的流行，不同的终端也都有了属于自己的 BFF 层。在 BFF 架构的普及之下，前端需要面临 3 个新的问题：

- ◎　增加的 Node.js 应用，带来了更多的运维成本。
- ◎　中长尾应用导致 Node.js 应用的计算资源长期闲置。
- ◎　大量类似的基础服务（如身份认证、权限管理、消息推送等能力）需要在多个 Node.js 应用中实现。

如何能从这些重复且烦琐的工作中解放出来，更聚焦于业务中，同时又能有效地提高资源利用率、降低成本，是我们迫切希望解决的问题。

于是，我以前端研发人员的身份，带着对上面这些问题的思考，在业务中进行了探索。经过两年时间的摸索与沉淀，我所在的团队完成了从基于 Node.js 应用的 BFF 架构演进到基于 Serverless 的 BFF 架构的工作。随后又经过两年，我们将其应用在了更多的领域中（如传统的移动应用的服务端、面向生态的开放平台以及针对 AIoT （人工智能物联网）设备的能力建设等方向）。其间，我同时有幸牵头、建设了阿里巴巴公司内部服务于全体前端研发人员的 Serverless 统一研发工作台项目，推进了集团前后端一体化解决方案的落地工作。通过这几年的观察和实践，我对 Serverless 的价值和方向有了深刻理解，对其架构的优劣势及其应用场景和局限性有了进一步的认知。

我购买并阅读了市面上几乎所有探讨 Serverless 的相关图书，但令人遗憾的是，这些图书的大多数篇幅都在介绍如何使用由云计算供应商提供的 Serverless 平台（如 Amazon AWS Lambda），描述如何创建、发布和维护一个基于该平台的应用，而对于 Serverless 的起源、发展、价值以及意义则一带而过。我认为，技术的发展历史和演化过程才应该是作为研发人员的我们，真正需要关心的内容。

知往鉴今，才有可能把握未来技术的发展方向。

另外，Serverless 的最大受益方是前端研发人员，但市面上却鲜有一本专门面向这一群体来介绍 Serverless 技术的图书，这不禁令人感到诧异。因此，我将从前端研发人员的视角，全面介绍 Serverless 的原理及应用，希望更多的前端研发人员能因 Serverless 而受益。

本书除了介绍基本的 Serverless 基本理念和规范标准，还会对我个人在 Serverless 架构改造中总结的一些经验和教训进行阐述。希望通过对本书的介绍，能够解答读者的上述问题，让前端研发人员对 Serverless 不再彷徨。

0.2 Serverless 更应该是一种价值观

如今 Serverless 在云计算背景下十分火热，似乎任何研发问题都能通过 Serverless 解决。但是，我在这里要给大家“泼一盆冷水”。从过去 50 年的软件研发历程来看，我们知道软件研发领域是没有“银弹”（No Silver Bullet）的。显然 Serverless 也不是“银弹”。它只是我们在云计算探索道路中的重要一环。Serverless 的核心思想是让用户直接运行应用，而不用关注它们的底层机制。但是，与各大云计算供应商提供的 Serverless 产品相比起来，我们更应该理解它的理念：无感知，即用户不应该知道那些他无须知道的内容。

在我从事软件研发的十多年时间里，经历过多种类型的应用开发。最初使用 ASP，与 IE 6 “做斗争”；随后在 Windows 平台下，为我国的某重要机构编写过信息管理系统；在这之后，又为某电商平台完成了内部服务的治理工作。这些项目，让我深刻地认识到了统一以及自动的重要性。

IE 6 时代很难避免兼容性痛苦，相信对于有过这种经历的前端研发人员来说，这会是一段难忘的回忆。当时由于 IE 6 与 W3C 标准间的矛盾，以及 IE 6 极高的市场占有率而导致各种事实标准（即一种已经获得大众接受，或是已有市场主导地位的习惯）的存在，前端研发人员不得不从研发阶段开始就针对 IE 6 编写各种兼容代码，以致前端研究人员对于 JavaScript 和 CSS（Cascading Style Sheet）在 IE 6 下的各种 hack 写法了然于心。这一问题一直持续了数年。直到 IE 8 发布以及更后面 Chrome 的诞生，这个问题才得到缓解。可以看出，因为缺乏或未遵循统一的标准，研发人员不得不去了解不同浏览器间的细节差异，这导致了当时前端研发领域人员极低的生产力。

后来，我转到了 Windows 应用研发，做桌面客户端应用程序的研发工作。桌面应用程序，通常需要通过安装包进行部署。因此，我们交付给终端客户的是一个安装程序。鉴于项目的复杂性，我们为了减少安装包的大小，针对客户中不同的用户群体和使用场景提供了九个不同的安装包。然而，由于当时缺乏相关的构建工具，每个团队都需要手工构建交付产物。而且，涉及的系统众多，导致各系统的构建流程并不一致；它们都依赖于不同的构建环境，甚至由于依赖软件的复杂配置而导致有些系统只能在特定的计算机中构建。最终，整个项目完成一次构建，通常需要一周时间。对于软件应用研发的交付周期来说，需要一周时间才能完成构建显然是太令人难以接受了。因此，为了解决这一问题，我们提出了通过持续集成（CI，Continuous Integration）和持续交付（CD，Continuous Delivery）的方式来改善整个交付流程。经过一系列改造，九大系统统一了构建流程，并实现了在服务器中的自动化构建。最终，我们在每一次的 git 提交时，都将自动交付一个安装包，经由 QA（Quality Assurance）简单验证后即交付客户，将原来数天才能完成的交付缩短到了半天以内。通过将构建流程标准化，我们不再需要关心构建中的细节，这使得软件的交付效率得以大大提高。

我在某电商平台工作时，同样遇到了因统一标准的匮乏而导致的种种问题。那时不同的系统（如商品中心、订单系统、用户中心）由不同的团队维护，它们之间的相互调用，出于性能方面的考虑，是通过直接读/写对方的数据库来实现的。由于各团队对对方的数据结构并不熟悉，这导致了各种因错误的调用而引起的异常频发，且难以排查。同时，由于数据结构的变更未送达依赖团队，线上问题也时有发生。由于这些问题造成了较多的负面影响，我们决定建设 API 中心，通过服务注册、发布、订阅、消费的方式解决团队间的依赖关系问题，团队之间的服务只允许通过 API 进行调用。最终，我们通过改造，统一了跨团队系统的调用标准，整体系统的稳定性得以显著提升。

在这之后，我便专职于前端开发工作。当时前后端分离的思想十分火热，而 BFF 架构则是前后端分离思想的最佳实践之一。然而，在我们实现 BFF 架构后却发现，随着 BFF 的应用，我们将面临日渐上升的研发和运维成本。尽管 BFF 应用通常是用于裁剪和聚合的十分简单的应用，但作为服务端应用，我们仍然需要关注这些应用实例的集群负载情况，需要随时了解各种系统监控和日志信息。此外，针对每一个应用的部署和发布也会消耗一笔不菲的时间成本。另外，如果存在多个 BFF 层，那么我们还将面临重复建设的研发开销。我们需要为每一个应用提供账户登录、功能鉴权、邮件发送、消息推送等各种服务。

而通过 Serverless，基于 FaaS 和 BaaS 能力，我们能很好地解决这些问题。

关于具体的实现方式，我将在本书中详细探讨。这里想要说明的是，无论是浏览器标准的统一、应用的打包构建、服务的注册与发现，还是 BFF 的上述问题，所有与业务无关的重复性工作，都不应该暴露给应用的研发人员，而应该由平台自动化完成。

因此，本书与其他 Serverless 图书的最大不同，是本书不会大篇幅介绍如何使用云计算供应商所提供的 Serverless 产品，而会更多地讲解 Serverless 的理念和思想。因为我相信，随着云原生技术的不断发展，当前云计算供应商所提供的 Serverless 产品不一定是最终形态，过多介绍如何在云计算供应商的控制台中使用这些产品，只会让书中的内容快速过时。我希望的是，从 Serverless 的本质出发，通过探讨并理解其背后的深远意义和价值，读者能够结合自身的业务场景，更加灵活地选择或构建 Serverless 相关技术。

0.3 Serverless 正在颠覆研发模式

下面谈一下对研发岗位的一些看法。我比较反对用不同岗位（如前端研发工程师、后端研发工程师、测试工程师、运维工程师等）来区分研发人员。

之所以需要分工，实际上是因为软件研发的复杂度上升，并且研发团队希望保持一个较高的研发效率造成的。也就是说，如果软件研发的所有工作都通过同一个团队完成，那么他们需要掌握的知识就会十分庞杂。这涉及软件研发的方方面面，需要一个漫长的学习过程，并必将导致研发效率的降低。因此，我们通过分工协作，降低了这种学习成本，提高了软件研发人员的效率。

我们不妨思考一下，前端研发工程师岗位是怎么出现的。

前端研发工程师这个岗位大概出现于 10 多年前，因为业务上的需要（给用户提供更好的终端体验），导致前端工作的复杂度快速上升，以致一个人无法同时负担前端和后端的研发工作，所以细分出来一个独立的岗位。

那么，是否能通过工具或基础设施的升级，降低研发的复杂度，从而不再需要这个独立的岗位呢？实际上，在软件研发领域，最早提出类似想法并且实施的，恐怕是专职的测试工程师。通过研发各种自动化测试工具来保障项目的质量，降低测试成本，从而可以不再需要单独的 QA 团队。同样，通过研发自动化运维的产品，让研发人员具备运维能力（即现在的 DevOps），简化运维的复杂度，从而可以不再需要专职的运维人员。

而现在，前端通过搭建平台的建设，简化了页面开发，又通过 AI 能力的运用，实现了从设计稿到页面代码的自动化生产，因此我们还需要专职的前端研发人员吗？而我们基于 Serverless 极大地降低了运维门槛，这使得我们从 DevOps 演进到了 NoOps，当所有前端研发人员都掌握了这一能力后，我们真的还需要专职的后端研发工程师吗？

因此，我认为随着技术和配套工具的迭代，我们无须再因为技术栈不同而去区分不同的岗位，不会再有前端研发工程师、后端研发工程师、测试工程师、运维工程师之分，今后软件研发领域将只会有两种岗位：基础设施研发工程师（Infrastructure Engineer）和应用研发工程师（Application Engineer）。基础设施研发工程师将致力于提供更易于使用的计算资源，并使得计算资源的利用就像水电煤的使用那样便利；而应用研发工程师则将专注于业务研发，以便更快、更好、更容易地开发出让用户满意的产品。

可见，技术的不断演进迭代，让我们不再需要按技术栈来区分研发的岗位。

虽然 Serverless 帮助我们隐藏了运维背后的工作，但是否就代表我们无须了解其背后的原理，只需要学会使用就可以了呢？

从全球各行各业的工作来看，软件研发是一个颇奇怪的岗位。其他行业随着科技的不断发展，生产工具也在不停地演进和进化，最终工具会变得越来越便利、越来越易于使用。从业人员直接使用这些工具，无须理解其内部原理，就能比以前更好、更快地完成工作。

比如，对负责将乘客从出发地送往目的地的司机来说，他无须了解内燃机原理，也能很好地驾驶车辆，到达目的地；同时，摄影师也无须了解光学原理，在完成构图后，只需要简单地按下快门，就能拍出优美的照片。然而在软件研发领域，无论目前使用的语言有多么先进，研发人员却仍然需要理解计算机硬件的工作原理、操作系统的运行原理、互联网是如何链接的、程序是如何编译的。

是什么原因导致了这一现象？我想大概是因为对于司机来说，如果车辆发生了故障，可以送到 4S 店来维修；对于摄影师，如果相机发生了故障，可以送至相机生产厂商去更换。然而对于软件研发人员来说，若程序发生了故障，由于时间上的紧迫性，并没有谁能够立即提供帮助，只能研发人员自己解决。因此，如何能快速地定位和解决问题，这就依赖研发人员的相关经验和对底层原理的理解程度了。

平台做的事情越多，屏蔽的内部细节越多，研发人员使用起来就越方便。只有理解和掌握了底层原理，并通过更加深刻的思考和分析，才能设计出合理的架构。如果研发人员只是简单地使用云计算供应商提供的各种服务，那么当这些服务出现异常时，将无从下手来解决具体问题。所以，对于 Serverless 来说，其内部的原理研发人员仍然有必要了解。

因此，希望本书的读者通过对 Serverless 技术原理的学习，从而不再将自己局限于前端或特定领域，而是站在更高的角度看待软件研发。正如本章开头高更的名画——《我们从何处来？我们是谁？我们向何处去？》暗喻的那样，本书将从原理到实践、架构起源，再到发展方向，对 Serverless 进行全方位的解读，从而让读者把握软件研发的发展方向。

让我们进入云计算背景下的下一代软件架构—— Serverless 的世界，一起感受它的魅力吧。

第 1 章 什么是Serverless

随着云计算的普及，在部署应用程序的时候，无须再关心物理意义上的服务器，也不用了解它们所处的机房情况，而只需要申请“虚拟机”即可。由于虚拟机隔离了物理层的设备，我们只需要选择机器配置即可。因此，这种以虚拟方式来提供的计算服务器被称为“云服务器”。

虽然“云服务器”背后实际上隐藏着一系列的计算资源，但在此我们仍然需要明确一个重要问题：我们需要多少计算资源。这里的计算资源，不仅包含了“云服务器”的数量，也包括其 CPU 的配置、内存的容量、存储空间的大小等。除此之外，在某些场景下，甚至还需要了解“云服务器”的节点选择（即应该在哪些国家的哪些城市进行部署），以满足我们对应用程序性能的苛刻要求。

但是，我们是否同时也考虑过，应用软件的本质是什么？在商业软件的生命周期中，什么才是我们应该关心的内容？我们为什么需要花费这么多的精力在这些非业务的技术细节上？是否有一种更简单的架构，能够帮助我们更聚焦于业务？伴随着这些问题，无服务器架构的计算资源交付模式应运而生。随着近几年容器化技术及配套的容器编排服务（以 Docker 和 Kubernetes 为代表）的成熟，我们可以更容易地实现计算资源自动化的动态调度，从而取代了原有对计算资源的手工管理模式。同时随着各种中间件服务的成熟，我们可以更便捷地使用这些特定能力的计算服务（如数据库、缓存、消息队列等）。

Serverless，中文译为“无服务器的”；但这里所说的并不是真实意义上没有服务器的架构，而是针对开发者来说，无须关心服务器。这正如当今另一个流行的理念 NoOps 一样，NoOps 的意思并不是真的没有运维；而是通过自动化运维的理念来取代原有的手工运维模式，让开发者无须关心运维。从以前的专职运维工程师，变成了如今的自动化运维，一切由平台自行调度。在此，“Serverless”指的是，包括服务器的资源情况、部署情况、操作系统以及依赖软件等在内的所有细节，开发者均无须关注，这一切由平台完成，开发者只需要专注于业务实现。

那么，什么样的服务才是“Serverless”的呢？我们可以从“广义上的 Serverless”和“狭义上的 Serverless”这两个角度来讨论。正如上面所说，从广义上来说，我们认为 Serverless 是一种理念，即指对开发者来说，那些无须关心计算资源就可以直接使用的服务，都可以算作一种 Serverless 服务。而从狭义上来说，它指提供给开发者的标准化能力，即 FaaS 和 BaaS。关于 FaaS 和 BaaS，我们将在后续章节中讨论，本章先介绍作为一种理念被提出的 Serverless。

1.1 Serverless 的价值

从广义上来说，针对非专业人员提供的计算资源服务，也可以被称为 Serverless 服务。比如用户只需要输入 URL 即可访问一个站点，后面的所有与计算资源相关的事项都完全由这个站点的维护者实现。无论是域名的解析，还是 HTTP 连接的建立，以及后续网页内容的生成和传输，用户都无须关心。并且，用户也不用关心这个站点背后服务的稳定性、可用性、延迟等技术内容。因此我们可以认为，这个站点对于访问的用户来说，是“Serverless”架构的。

从这种角度来看，我们所使用的各种服务，包括每天几乎都在使用的支付服务、电商服务、地图服务等，以及在上班路上看到的红绿灯、广告牌，因为我们都无须了解背后的服务器以及计算资源，所以基本都是 Serverless 服务。更进一步，如果站在普通用户的角度，整个互联网都应该是 Serverless 架构的。

而本书所讨论的 Serverless，其实与这一理念类似，只是它面向的对象变成了研发人员。作为开发者，我们在部署和发布应用程序时，需要关心服务器和计算资源的情况，这似乎是再正常不过的场景了。然而，之所以习以为常，我认为是我们长久以来所接触和使用服务器的方式所导致的。

在探讨 Serverless 价值之前，我们需要站在更高的层面思考一个问题：企业为什么需要研发人员？

一个企业的根本目标是赢利；而为了达到这一目标，企业需要能够给客户创造价值。互联网本身并非一个独立的实体行业（比如能源行业、医疗行业、教育行业），它通常是将 IT 作为一种能力或工具，赋予某一个或多个行业，以提升相应行业的生产力。比如 Microsoft 的 Office，是通过提供通用的办公软件来提高企业的运转效率，从而降低人力成本的；阿里巴巴公司的淘宝网，是通过电子商务技术来提供商品的买卖平台，以达到降低商品交易成本目的的；腾讯公司的微信则通过即时通信服务，降低了人与人之间的沟通成本。它们有一个共同的特点，即都给自己的客户带来了价值。

既然希望通过 IT 创造价值，那么必然需要研发人员开发相应的应用程序。也就是说，我们应当面向客户的痛点，结合业务的实际情况，开发出相应的 IT 工具来提高生产力。因此，我们可以认为 IT 企业之所以招聘研发人员，是为了开发出能够解决客户实际业务中所遇到的问题，从而提高客户生产力的应用软件。而应用软件的核心内容，是处理客户的业务逻辑，最终提高其生产力。

通过应用程序来处理业务逻辑，这似乎是没有争议的。然而问题在于，作为研发人员，当我们在发布和部署应用程序时，却需要关心那些与业务逻辑无关的内容，即服务器运维工作。这就像作为驾驶员需要关心内燃机原理一样不合理。但是要知道，在汽车被发明之前，我们是通过马车等来实现人员运输的。马车车夫除正常的驾驶外，通常还需要给马匹喂食、清洁，以及给它们配备马厩用于休息等一系列额外操作。对于马匹的管理知识，几乎成了马车车夫的必修课。而在内燃机发明之后，这些与实际使用无关的操作都被汽车厂商封装在了一个黑盒中，所有的维护工作都由汽车厂商或其他专业机构完成。内燃机的发明，大大减少了人员运输的附加成本。

目前研发人员仍然需要关注服务器及其计算资源的情况，但我认为这是暂时的，只是因为云计算的基础设施仍然不够完善。以计算机语言的发展举例，在计算机编程语言诞生之初，我们使用机器码的方式来告诉计算机我们期望执行的内容。而编写机器码时，需要从指令表中查到计算步骤对应的机器语言，再人工编码成对应的代码交给机器执行。后来，人们发现翻译这件事情很适合计算机自己完成，于是就有了汇编器。通过汇编器，我们只需要编写汇编语言，就能自动将其转换为机器码来执行。到了这个时候，人们不再需要学习机器码也能实现让计算机完成期望的指令了。随着计算机技术的发展，高级语言也随之诞生，我们无须关注底层汇编内容，通过更高级的指令即可生成汇编代码并执行，最终完成自己期望的计算操作。

与计算机语言的发展类似，以 IaaS 为代表的云计算技术的普及，让我们无须关注物理服务器。随着云计算技术的逐步发展，它将各种细节屏蔽在了黑盒之中，让我们在不用了解底层技术的情况下，就能够更轻松地达到目标。正如上面提到的，驾驶员的根本目标其实是将客户从 A 点送达 B 点。驾驶汽车前往只是一种手段；伴随无人驾驶技术的发展和推广，我们终将不再需要驾驶，就能实现根本目标。无论是内燃机、无人驾驶还是云计算，它们都是通过更便捷、更低成本的新技术来实现客户目标的。

而 Serverless 正是这样一种新技术。它帮助我们进一步屏蔽了服务器、操作系统、系统软件等概念，让我们无须关心服务器的负载情况、部署节点等技术细节，而能更聚焦于研发人员的本质工作：实现业务逻辑。

另外，Serverless 提出了按用量付费的理念，即当对应的任务被触发执行时，才会计费。这一模式使得我们无须为那些自己没有使用的计算资源买单，这能极大地降低服务器的成本。初创企业或个人开发者无须一开始就付出高昂的服务器费用，即可使其业务快速上线运行。

极低的运维成本和大幅下降的服务器费用，正是 Serverless 迅速被开发者接受并普及开来的原因。

1.2 Serverless 是一种理念

在了解了为什么会出现 Serverless 技术及其背后的价值之后，我们再看看广义上 Serverless 架构的特征是什么；同时我们将从前端研发的视角，讨论目前哪些服务可以被认为是 Serverless 架构的。

针对一种服务，我们可以通过以下几个问题来判断它是否是 Serverless 架构的。如果对于你提供的这项服务，无法明确地回答下面几个问题，那么可以认为这项服务是 Serverless 架构的。这些问题如下：

◎ 我们有多少台机器？
◎ 这些机器部署在哪里？
◎ 机器运行的是什么操作系统？
◎ 机器上安装了哪些软件？

带着这些问题，让我们来看看下面这几个我们常用的产品和服务。

对于开发者来说，GitHub 是其再熟悉不过的代码托管产品了。GitHub 有一个众所周知的服务，即 GitHub Pages，如图 1-1 所示。通过 GitHub Pages，开发者可以直接将托管在 GitHub 仓库中的代码文件部署为一个静态站点，同时系统将对这个站点分配一个域名，最终可以直接在浏览器中访问该站点。这是一个十分方便的服务。开发者无须自己申请服务器，也无须自己安装操作系统、软件，以及进行各种配置；只需要选择一个仓库，然后进行简单的设置，就可完成站点的部署和发布。

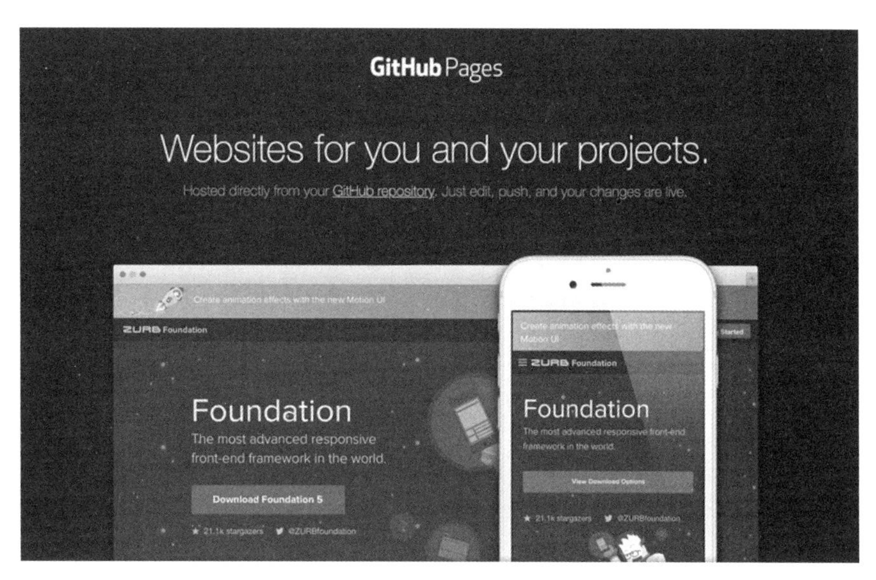

图 1-1　基于 Serverless 理念的 GitHub Pages 服务

除了 GitHub Pages，另一个前端研发人员非常熟悉的服务是 CDN（Content Delivery Network，内容分发网络）。无论是 HTML、CSS 还是 JS 文件，我们都通过 CDN 进行分发。同样，它也是一个易于使用的服务。当我们把静态资源文件，通过云计算供应商的控制台或命令行工具上传后，这些文件将被自动分发到全球各个 CDN 节点。我们无须关心 CDN 的技术细节，如全球有多少个节点、这些节点是如何分布的，等等；我们只需要告诉 CDN 服务我们需要分发的文件即可，之后这些文件将被分发到它们应当被分发至的机房，以实现提高用户访问速度的目的。

基于上面的这两个例子可以看出，凡是将计算资源以服务的方式来提供的产品，都可以认为是符合 Serverless 理念的。因为它们将真正的技术细节屏蔽在这些服务内部，所以开发者无须知道这些计算资源是如何提供的。除了静态站点托管以及 CDN 服务，在以阿里云为代表的云计算供应商那里，还有更多的服务以这种形式提供。比如，用于保存大量文件的 OSS（Object Storage Service，对象存储服务）、用于存储数据的 RDS（Relational Database Service，关系型数据库服务）、用于协调多个服务的消息机制 MQS（Message Queue Service，消息队列服务）等都属于某种意义上的 Serverless 服务。不过这些服务均用于特定场景的技术产品，往往作为系统架构中的一环来使用。那么，有没有一种更通用的提供计算资源的 Serverless 服务呢？

Google 在 2008 年推出了 GAE（Google App Engine）产品，它是一个用于托管 Web 应用程序的平台。GAE 不像普通的虚拟机服务（如 AWS 的 EC2 或阿里云的 ECS），它对运行在上面的 Web 应用程序代码增加了诸多限制和要求。和虚拟机服务相比，其主要包括以下几个方面的不同：

◎ 仅支持特定的几种语言，包括 Python、Java、PHP 和 Go。
◎ 运行环境的类库使用会受到限制，仅允许使用在白名单中的类库。
◎ 只能提供 Web 服务，该服务只能被 HTTP 请求触发。
◎ 对于托管 Web 应用的服务器，开发者对其文件系统只有读取权限，不能写入或者修改文件。

Google App Engine（GAE）通过上述这些限制，使得用户的 Web 应用程序可以运行在统一的应用框架中。这种应用程序与应用框架以约定的方式实现解耦的设计，使平台可以实现一些在虚拟机服务场景下无法实现的能力。这里面最为主要的能力为自动扩容/缩容，此外，还提供了统一的日志监控和异常处理等功能。图 1-2 即展示了一个基于 GAE 的 Web 应用架构示例。

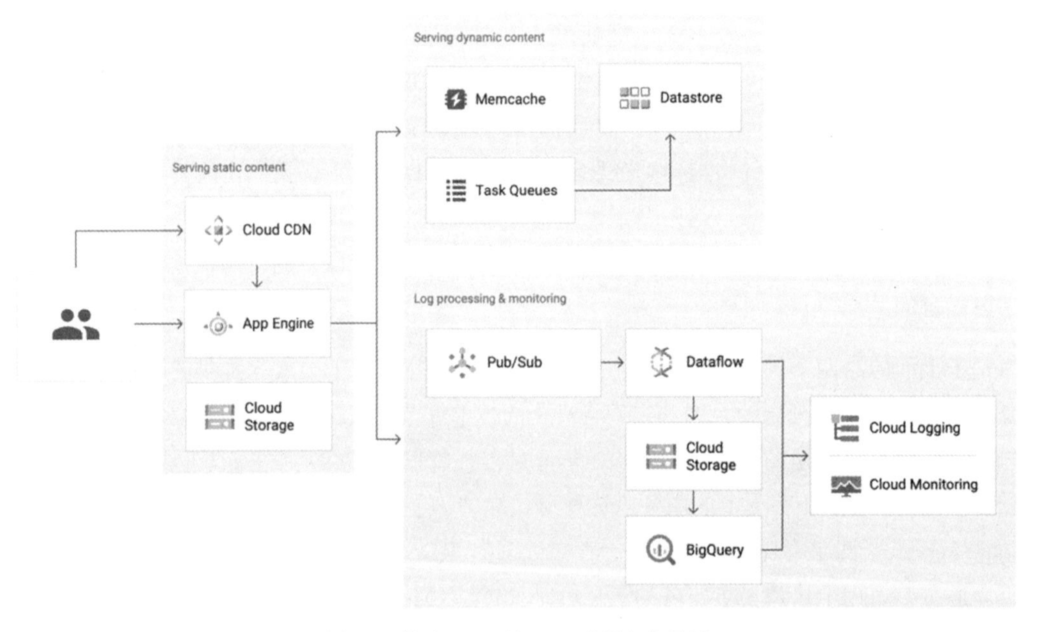

图 1-2 基于 GAE 的 Web 应用架构示例

在这之前，对于这种提供给非特定场景的通用技术产品，要实现自动扩容/缩容是十分困难的；因为不同的 Web 应用可能使用的是不同的语言、不同的 Web 框架，还会依赖不同的第三方类库或软件。而 GAE 通过约定的方式，将这些不同点全部统一起来维护，从而抹平了不同 Web 应用程序之间的差异，使得一种能够在所有 Web 应用程序中通用的自动扩容/缩容能力得以实现。

这种通过交出一些权利（如选择操作系统、开发语言、应用框架的自由），得到某种保护（如应用稳定性的保障）的模式，在其他领域也是十分常见的。正如《社会契约论》的作者卢梭对权利的描述："人们应当建立一种相互间的承诺，它要求我们每个人都需要将一部分权利交给主权者，从而使自己的其他权利得到更好的保护。"这就是社会契约的基本原则。

站在应用研发和部署的角度，我们一直在这条道路上不断深入，这可以被称为"云计算的契约"：从物理机到虚拟机，我们交出了选择机器配置的权利，得到了更易于迁移和维护的统一虚拟机；再从虚拟机到容器，我们交出了控制操作系统的权利，得到了更轻量化、更省资源的 Linux 容器。同样在 GAE 中，我们交出了选择语言、应用框架的权利，得到了更稳定的、更易于水平伸缩的应用容器。我们只需要遵照它所提供的框架编写和部署 Web 应用程序，就能更轻松地保障应用程序的稳定性，无须担心因流量的激增而导致服务不可用；同时，自动部署的监控系统也能使程序出现异常时立即收到通知。

我们不断地交出设备控制权，将注意力聚焦于业务。那些与业务无关的技术细节都由云计算供应商进行封装，这就是云计算的本质。而 GAE 的出现则弥补了通用型 Web 计算服务的空缺，开发者只需要根据自己的业务需求开发并部署应用代码即可。

然而，GAE 仅仅是 Serverless 服务的雏形。虽然从广义上来讲，上面这些服务都属于 Serverless 理念的范畴，但当时并没有明确的定义。云计算供应商只是将"屏蔽技术细节，让开发者开箱即用"作为一种云计算产品的理念来践行。

那么我们今天所说的 Serverless 一词是在何时被提出的呢？

1.3　Serverless 一词的诞生

Serverless 的核心特性是按用量付费（Pay As You Go）和弹性计算（Elastic Compute）。而其中按用量付费的理念，最早可追溯到 2006 年发布的 Zimki 平台（目前已关闭）。Zimki 平台提供了编写能够运行在服务端（即后端）的 JavaScript 脚本的能力，并且实现了按用量付费的计费模式。而 Serverless 一词的首次提出，则是在 2012 年 Ken Fromm 发表的一篇名为 *Why The Future Of Software And Apps Is Serverless* 的文章中。在该文章的开篇，是这样描述云计算未来的：

> 虽然云计算已经十分普及，但我们仍然围绕着“服务器”在工作。不过，这种情况不会持续太久，随着 Serverless 的流行，我们将进入云应用的时代，它将对软件和应用程序的创建与部署产生重大的影响。

云计算的核心方向在于帮助研发人员隔离物理机房、物理机等基础设施的建设；对于具体的计算资源，研发人员仍然需要关心服务器的数量和配置等信息，并根据负载情况确定何时进行扩容。而在这篇文章中，Ken Fromm 提出云计算不应该继续围绕服务器设计，部署在云上的应用应该是 Serverless 架构的，这将完全改变应用程序的创建和分发模式。

该文章使用了一种比较生动的比喻来描述计算资源的产生过程。它以电力生产方式的变化进行类比。早期通过作坊式小型水车发电供能的方式，与工业时代通过火力发电厂燃煤发电，再通过电线将电力传输到千家万户的方式相比，后者大大降低了电力的生产成本。我们通过墙上的插座，即可使灯、电视、电钻等设备获得所需要的电力。同样，如果云计算服务能通过弹性计算的方式，使得我们的应用所需要的计算资源可以像电力的来源一样：按需使用、随用随取，那么研发人员就无须根据当前或预期的负载情况来配置他们的服务器资源，这将大大降低开发者的使用和运维成本。

虽然 Serverless 一词最早是在该文中被提出的，但它真正变得广为人知，主要应该归功于 2014 年 Amazon 推出的 AWS Lambda 服务。Amazon AWS Lambda 通过触发器的机制，确保当有请求进入时，立即启动对应的服务进行响应，而无须在服务器上持续运行应用程序以等待相应的 HTTP 请求。同时，它还提供了比 GAE 更加细粒度的控制能力：函数。与应用程序不同的是，应用程序往往会提供一系列的相关服务；但函数只实现一个单一的功能，这一点让它能够更灵活地对服务实例进行扩容或缩容。也就是说，当这个服务没有被请求时，云计算上并没有这个函数的实例。一旦请求发出，调度平台将以毫秒级的服务实例化一个服务并完成响应。请求处理完成后，调度服务又将自动回收这个实例。最终，我们只需要按函数的执行时间进行付费即可。

Amazon AWS Lambda 虽然是最早上线的这种服务，但其并不是唯一的。目前各大云计算供应商都推出了自己的计算服务，这里面主要包括 Google Cloud Functions、Microsoft Azure Functions、IBM OpenWhisk 以及阿里云 Function Compute 等。

“Serverless”一词虽然一直被提及，但各云计算供应商却没有达成统一的认识，这导致不同的云计算供应商提供的 Serverless 服务各有差异。那么 Serverless 的定义有被大家所认可的一个标准吗？如果有，它又是由谁，在什么时候提出的呢？

1.4 CNCF Serverless 白皮书

在介绍 Serverless 白皮书之前，先介绍一下 CNCF（Cloud Native Computing Foundation，云原生计算基金会）。

在 2014 年，Google 开源了一个在公司内部用于容器编排的项目——代号 Seven。并且在随后的 2015 年，Google 采用 Go 语言对该项目进行了重构，同时给它起了一个更正式的名称，这就是现在大名鼎鼎的 Kubernetes。

随着 Kubernetes 1.0 版的发布，谷歌与 Linux 基金会合作成立了 CNCF 这一技术虚拟小组，并将 Kubernetes 作为该小组的第一个技术产品进行支持。

最初云原生（Cloud Native）技术主要包含微服务、容器及容器编排三大能力；但随着云计算的发展，CNCF 于 2018 年重新定义了云原生技术。目前其官方描述如下：

> 云原生技术有利于各组织在公有云、私有云和混合云等新型动态环境中，构建和运行可弹性扩展的应用。云原生的代表技术包括容器、服务网格、微服务、不可变基础设施和声明式 API。
>
> 这些技术能够构建容错性好、易于管理和便于观察的松耦合系统。结合可靠的自动化手段，云原生技术使得工程师能够轻松地对系统做出频繁和可预测的重大变更。
>
> 云原生计算基金会（CNCF）致力于培育和维护一个厂商中立的开源生态系统，以推广云原生技术。我们通过将最前沿的模式民主化，让这些创新为大众所用。

随后，云原生技术以前所未有的速度席卷了整个云计算产业。目前全球主要的云计算供应商，包括 Amazon、Google、Microsoft、阿里巴巴、华为等在内的数百家公司已加入了该组织。该组织的主要职责是推广标准化的云原生技术。

CNCF 作为一个对云计算供应商中立的基金会，一直致力于相关开源技术的应用和推广，借此让研发人员能更便捷、高效地构建出优秀的产品。本书的重点虽不在于探讨云原生（Cloud Native）技术，但作为研发人员，我们应当关注云计算的趋势，理解云原生技术的相关设计理念及开源项目。CNCF 目前已包含 1000 余个开源项目，除 Kubernetes 外，里面不乏 Prometheus、gRPC 这样的明星项目。

而本书的主题 Serverless，则是云原生下的一个重要方向。因此，CNCF 在 2018 年发布了 Serverless 白皮书，探讨了关于 Serverless 的理念、定义及其价值。它做出了如下描述：

> Serverless 指的是无论在应用的构建环节还是运行环节，都无须对服务器进行维护和管理。

从 CNCF 对 Serverless 的描述可以看出，它与我们上面讲到的理念基本一致，即 Serverless 指的是构建和运行应用程序，无须通过人工的方式来管理服务器。但如果仅仅是这样的，那么这和我们上面提到的 Serverless 并没有太大区别，它仍然只是一种理念。CNCF 在白皮书里紧接着对 Serverless 所应该提供的能力，进行了更进一步的阐述。

> Serverless 计算平台应该包含以下一种或者两种能力：
>
> （1）函数即服务（FaaS，Functions as a Service），提供基于事件驱动的计算服务。开发者以函数片段的方式来管理应用代码，这些函数通过事件或 HTTP 请求来触发。和传统应用相比，其以更细粒度的函数方式来进行部署，这样计算资源就可以实现更精细的调度和管理，且这些操作都将自动化完成，无须开发者参与。
>
> （2）后端即服务（BaaS，Backend as a Service），指的是可以用来替换应用程序中的一些核心能力，且直接通过 API 的方式提供的第三方服务。由于这些服务自身实现了自动扩容/缩容的能力，因此开发者无须了解与服务器相关的信息。

在这里，CNCF 对 Serverless 应该具备的能力进行了清晰的定义。作为 Serverless 平台，至少需要提供 FaaS 和 BaaS 这两种能力中的一种。

关于什么是 FaaS 和 BaaS，以及作为前端人员如何利用它们提高生产力，则是本书接下来的两个部分将要介绍的重点内容。本章先介绍一些基础知识，以便让大家对此有一个初步的认识。

FaaS（Functions as a Service），译为“函数即服务”。它基于事件驱动的理念，提供了让开发者以函数为基本粒度的代码，且具有像 HTTP 或其他事件一样被触发并被执行的能力。开发者只需编写业务代码，无须关注服务器资源。这样一来，它完全改变了云计算资源的交付和计费模式，从以往租一台虚拟机来实现通用计算的包月付费，变为了按调度消耗计费。这降低了运维成本，也大幅度降低了服务器的租赁费用。不仅如此，应用的发布效率也得到了提升。以往我们购买虚拟机后，需要选择操作系统，安装对应的软件，还需要考虑集群的负载容量和负载均衡等问题；而在 FaaS 下面，它们都将由云计算供应商的调度系统自动完成。

BaaS（Backend as a Service），译为“后端即服务”，指的是一些通过 API 的方式提供的第三方服务，这些第三方服务通常是我们使用的各个中间件服务，比如数据库、缓存、消息队列等，并且这些第三方服务的可用性由它们的提供者自行管理，使用它们的开发者无须关心这些服务背后的部署情况。也就是说，开发者无须了解这些服务在哪里、如何分布，也无须事先预估自己的使用量，这些都将由该服务的提供者动态调配和调度。

通过上述 FaaS 和 BaaS 的定义，我们能将前面提到的各种 Serverless 服务进行一个大致分类：

◎ FaaS（Functions as a Service，函数即服务）：
- Amazon AWS Lambda
- Google Cloud Functions
- Microsoft Azure Functions
- IBM OpenWhisk
- 阿里云 Function Compute

◎ BaaS（Backend as a Service，后端即服务）：
- GitHub Pages
- CDN（Content Delivery Network，内容分发网络）
- OSS（Object Storage Service，对象存储服务）
- RDS（Relational Database Service，关系型数据库服务）
- MQS（Message Queue Service，消息队列服务）

需要指出的是，这里面并没有包含 GAE（Google App Engine）。这是因为 GAE 其实是一种“Applicationless”，从本质上来说它是一个 PaaS（Platform as a Service）。关于什么是 PaaS，我们将在之后的章节中详细介绍，这里只需要知道它与上面定义的 FaaS 不是同一种类型即可。在 FaaS 中的重要理念是按调用付费，而 GAE 仍然是按实例包月计费的模式。在 GAE 中，开发者对服务的运行实例是有感知的，开发者知道当它的应用发布、部署之后，会有一个服务实例启动，等待处理 HTTP 请求。这样一来，就需要这个应用的进程长期地占用服务器资源。而 FaaS 通过毫秒级的自动扩容/缩容能力，使得在没有请求时就没有对应的服务进程，从而实现不消耗服务器资源的目的。因此，GAE 并不是 Serverless 服务。

1.5 Serverless 与前端架构

那么，Serverless 和前端到底有什么关系呢？对前端架构有什么影响呢？在本节中，我们将以前端架构演进为主线，讨论 Serverless 对前端架构所产生的意义、影响，以及 Serverless 自身的价值。

前端架构从出现到现在的演化大致可以分为以下 6 个阶段，即静态内容展示、可交互页面、Web 2.0、单页面应用、前后端分离和基于 Serverless 的前后端分离。

1. 静态内容展示

实际上，我们目前所使用的 HTML，最早是由欧洲核能研究组织（CERN）的蒂姆•伯纳斯-李（Timothy John Berners-Lee）所提出的。

在 1990 年底，他在互联网的基础上提出了万维网（WWW，World Wide Web）的概念，并介绍了万维网应该包含的三大核心功能，即我们现在所使用的 URI、HTML 和 HTTP。虽然在那个时候人们可以在互联网上浏览网页，但其实网页只能通过终端，以命令行的形式进行访问。这对用户来说操作极为不便，因此当时的 Web 站点也主要针对具有相关学术背景的专业人士。在随后的 1993 年，Mosaic 公司（1 年后其更名为网景公司，即 Netscape）的第一个图形化 Web 浏览器 Mosaic（Firefox 的前身）发布。图形化浏览器的诞生，让普通用户也可以轻松地浏览网页。

这一时期的站点均以静态内容展示为主，其中主要是文字展示，图片使用得较少。同时，服务端一般使用 CGI 完成开发，前端只需要编写简单的 HTML 页面即可。此时的 Web 用户以大学的科研人员为主。

2. 可交互页面

在 1995 年，刚加入网景公司（Netscape）不久的布兰登•艾克（Brendan Eich）就接受了一项互联网技术中影响最深远的任务之一，即实现一种可以嵌入网页运行的脚本语言。之所以要实现该能力，是因为网景公司发现，当用户填写一个网页表单之后，需要提交并回传整个表单内容，系统才能确认用户是否正确填写。这对当时的带宽来说是一笔不小的流量开销，可能用户需要等待十余秒才能看到验证结果，并且这一过程在一次成功的提交过程中，通常需要反复出现多次。所以，网景公司希望能通过客户端（前端）脚本，让用户在发送请求之前就在客户端中完成对表单内容的检查，以最终提高用户体验和使用效率。

布兰登•艾克在接到任务一个月后，就完成了这门语言的设计工作，并且仅仅花费 10 天时间，就实现了它。其接下来一年的工作，则是把该语言的运行环境集成到了网景（Netscape）浏览器。在这之后，网页便具备了动态运行脚本的能力，而这门语言，即 JavaScript。

同时，在服务端领域先后诞生了 ASP、PHP、JSP 三大技术。与原来的 CGI 相比，JavaScript

可以更加容易地编写动态网站，结合前端 JavaScript 脚本的能力，成为复杂客户端的 Web 应用。因此，交互方式开始逐渐被探索和挖掘。随着互动能力的增强，论坛（BBS）也开始流行起来。不过在接下来的几年中，Web 应用似乎走上了一条曲折的道路：前端能力的增强导致出现了各种各样的复杂特效，国内前端社区一度充斥着"JavaScript 文字滚动特效"之类的教程；而对真正为用户带来效率提升的交互研究并不多见。然而，更曲折的则是 IE 6 成为主流浏览器之后。由于 IE 6 与 W3C 标准相比，存在不少设计缺陷，加之 IE 自身缓慢的版本迭代，因此在当时这给前端研发工作带来了大量的额外成本。这一局面持续到了 2006 年的 IE 7 和 2009 年的 IE 8 发布后，才稍有缓解。

3. Web 2.0

1998 年，Ajax（Asynchronous JavaScript and XML，异步的 JavaScript 与 XML）技术被提出。在这之前，服务端处理的每一个用户请求都需要在浏览器中重新刷新并加载网页，无论是用户体验还是使用效率都不理想。并且，即使只需要修改页面中的部分内容，也需要重新加载整个页面，这进一步地消耗了服务端的计算资源。而 Ajax 的提出解决了这些问题。它使得网页局部刷新成为可能。但是，Ajax 的真正大规模普及则是到了 2004 年。

2004 年底，Google 的邮箱服务 Gmail 进行了一次大型改版，通过大量使用 Ajax 技术，网页的可交互性和内容动态性跨跃了一个大台阶。自此之后，由 Gmail 所带来的交互理念几乎改变了整个行业网页制作的方式。除了 Gmail，一同大量使用 Ajax 技术的 Google 服务还包括 Google Map、Google Group 等。

2006 年 jQuery 诞生。jQuery 为操作浏览器的 DOM（Document Object Model，文档对象模型）提供了非常强大且易用的 API，同时抹平了不同浏览器之间的差异；因此，其成为使用最广泛的函数库。它的诞生让网页开发的难度大大降低，使得 JavaScript 真正地开始流行起来。在 jQuery 的鼎盛时期，全球有超过一半的站点均依赖 jQuery 库。

在通过 Ajax 提高用户体验和通过 jQuery 降低开发难度的共同促进下，Web 站点开始变得丰富起来，基于浏览器的 Web 应用也进入了以社交网络应用为代表的 Web 2.0 时代。同时，一些大型互联网产品公司开始分化出专职从事 Web 应用开发的工作岗位，即前端研发工程师。

于是，前后端研发的协作与分工开始了。这时，我们通常有两种研发协作模式。

一种模式是让前端研发人员根据设计师的视觉稿开发对应的静态站点，通常我们将该静态站点称为高仿真实现。然后，将这些静态页面交由服务端研发人员改写为动态页面（如 JSP）。

我们将这种协作模式称为套模板。它的优势是前端无须了解任何后端实现，只需要交付仿真的静态页面即可；但缺点是其功能变更或扩展困难。当项目上线后，若有新的研发需求，由于原有页面代码已经与服务端代码融合，因此，服务端（即后端）将很难再根据前端研发提供新版静态页面，并将其替换到已有的代码中。故此，在迭代过程中如何进行同步，以及后期若发现 UI（User Interface，用户界面）上的问题，应该由谁负责，等等，这些问题都是无法避免的。

另一种模式则是让前端研发搭建后端运行环境。在这种协作模式中，由于前端可以直接运行最终的交付应用，因此解决了上述产品功能迭代困难的问题。但同样，它的问题在于将不必要的内容（即后端研发框架）暴露给了前端，前端研发人员不得不学习后端应用的研发、调试方式。若后端存在多个团队以及多种技术框架，则前端研发人员必须支付一笔不小的学习成本。

无论采用哪种模式，前后端（Frontend/Backend）的分工都是十分模糊的（见图 1-3）。

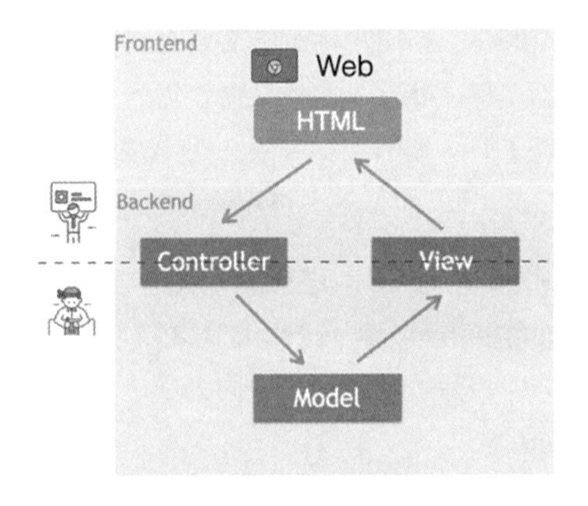

图 1-3　模糊的前后端协作模式

4. 单页面应用

随着 Web 应用和前端技术的发展，SPA（Single Page Application，单页面应用）概念被提出。伴随这个概念的，还有数十个相关前端框架。其中，最早的是以 MVC（Model View Controller）模式为代表的框架 Backbone，以及基于 MVVM（Model View ViewModel）模式的 Knockout.js；随后 Google 在 2009 年推出了 Angular 框架，并且将其称为 MVW 模式（Model View Whatever）。

如图 1-4 所示，在该背景下，原来通过服务端渲染的页面开始向前端迁移。由于 Web 应用体验的大幅改善，页面逻辑以及路由也从服务端转移到了前端。这时，前后端协作的模式发生了变化。前端的所有逻辑都将打包成一个 JS Bundle，因此我们只需要后端提供一个入口文件（即 index.html），即可加载整个应用。这时后端只需要提供 Web API，即可完成数据的交换。当前端发布时，只需要在入口文件中，修改 JS Bundle 的版本号即可。前端负责整个 View 层开发，包括与 API 的对接。这样一来，一些业务逻辑变得既可以在服务端编写，也可以在前端编写。

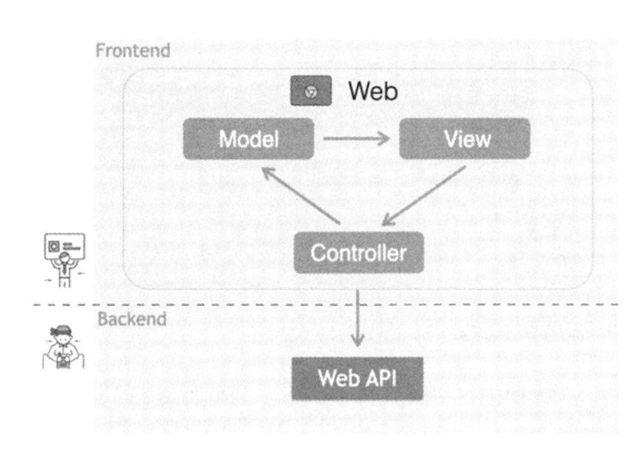

图 1-4　基于 MVC 的前后端协作模式

尽管如此，虽然研发环境相互已经没有了依赖，但前后端的职责仍然难以划分。

5. 前后端分离

在 Angular 发布的同一年（2009 年），Node.js 也随之登台。Node.js 的出现带来的第一个好处是前端工程化的成熟，前端构建工具开始百花齐放。这时的前端已经不再是一个简单编写几行 JavaScript 即可完成的事情。专职前端研发人员开始在各个公司中普及，前后端协作问题也在这时进一步地加剧。

随着 Node.js 的成熟，在 2015 年，基于 BFF（Backend For Frontend，服务于前端的后端）的架构理念被提出。关于 BFF 的更多内容，后面会详细介绍。我们在这里只需要了解，BFF 架构通过在 UI 和服务端之间加入中间层，解决了前后端职责难以划分的问题即可。

如图 1-5 所示，由于前端逻辑的复杂性不断增加，增加了专门用于处理用户界面逻辑的服务层；同时后端逻辑也完成下沉，基于微服务架构的后端服务逐渐成型。通过基于 Node.js 的 BFF 层，前后端形成了比较清晰的分工。

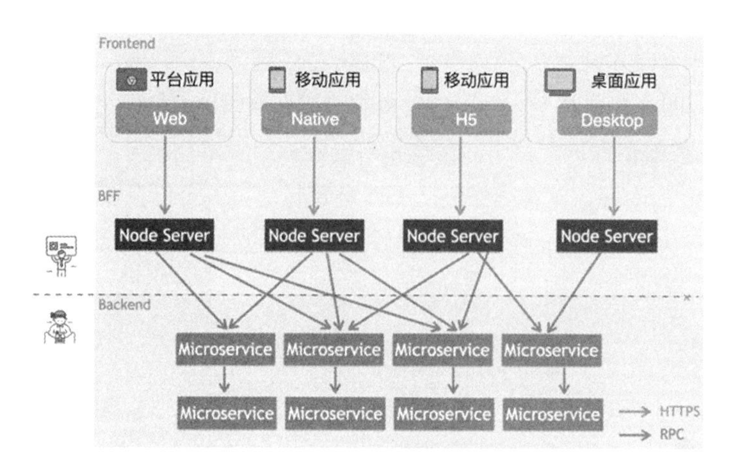

图 1-5　基于 BFF 与微服务的前后端架构

6. 基于 Serverless 的前后端分离

从上面的介绍中我们可以看出，由于增加了基于 Node.js 实现的 BFF 服务层，前端研发人员开始需要关注服务器的系统稳定性、可扩展性等指标，同时需要排查如内存溢出等各种异常问题。这些工作给前端研发人员带来了一定的挑战。可喜的是，随着 DevOps 配套工具的成熟，前端研发人员可以比较容易地实现日志监控、异常排查等一系列服务器运维操作了。

虽然各种云计算工具一定程度上解决了 Node.js 的运维问题，稳定性得到了保障；但在 BFF 架构的真实实践中，除了稳定性，我们还遇到了其他棘手的问题：部署成本和服务器成本的增加。

随着业务的发展，由于每一个终端应用都会有对应的 BFF 层存在，因此会存在数十个 BFF 应用。而这些 BFF 层需要独立的容器实例（即 Docker）进行部署，我们需要构建容器镜像（Docker Image）、编译应用程序代码、进行分批发布和灰度上线、观察线上流量等一系列流程，才能将服务正式发布到线上。由于我们的发布每周都会进行数次，而上面这一系列发布流程，每次都需要消耗数十分钟的时间，因此，仅仅是发布操作，就消耗了我们大量的研发时间。

出于服务稳定性的考虑，我们采用一个机房多个实例和多机房部署的策略。因此，我们的每个应用都至少应该部署 4 个实例（即至少 2 个机房，每个机房至少 2 个实例）。这将让容器实例的数量大幅增加。然而，BFF 层的流量实际上长期处于较低水平，这使得这些容器的平均 CPU 利用率甚至不足 1%。也就是说，我们将浪费 99% 的计算资源。

如图 1-6 所示，如果能够通过 Serverless 实现 BFF 架构，让前端研发人员仅编写和部署函数（这取代了原来容器实例的方式），则结合我们前面提到的 Serverless 特性，当没有请求时，基于云原生技术的弹性计算能力，这些函数的实例将自动缩容。这样一来，基于 Serverless 的 BFF 不仅降低了前端在服务器运维上的成本，还能够快速地完成函数的部署。更重要的是，通过按需计费的方式，Serverless 彻底解决了计算资源浪费而最终造成的服务器费用问题。

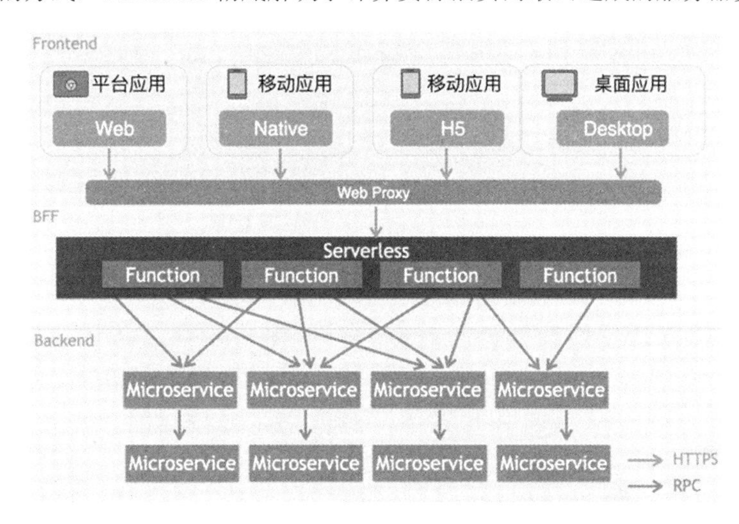

图 1-6　基于 Serverless 的 BFF 架构

1.6　从前端到全栈

通过了解前端架构的演化，我们可以看出 Serverless 技术对当前前端 BFF 架构所产生的意义、影响，以及 Serverless 自身的价值。Serverless 技术补上了前端研发人员的短板。通过它，在有效降低成本的同时，服务器的运维难度也大幅降低。

前端研发工程师这一岗位的出现，正是由于前端工程化复杂度不断上升造成的。而 Serverless 则降低了后端研发的难度，使得前端研发工程师能够更容易地编写服务端应用，让从前端研发工程师到全栈研发工程师的转变更加轻松。

实际上，能同时开发前端与后端的“全栈工程师”并不是一个新的概念；因为最初并没有前端研发工程师这一岗位，所有的工作都由研发工程师完成，所以这更像一种回归。Serverless 技术则是这个转变过程的催化剂，它通过云原生技术，使得前端研发工程师能够更容易地掌握服务端的研发能力。由于减少了前后端人员之间不必要的沟通，因此从前端研发工程师到全栈研发工程师的转变能显著地提升研发效率。而后端研发工程师将下沉到基础设施层，将原有的业务拼装逻辑交由全栈工程师完成，自身去实现更加底层化的通用业务封装。这就是我们时常提到的“大中台，小前台”战略。

我认为，伴随着前端架构的演进和前后端协作模式的变化，前端将逐渐负责更多的上层业务逻辑，而不像以前那样只是简单地编写页面代码。因此，对业务流程的深入理解和全局把控，将是前端研发人员所面临的一种新的挑战，也是他们今后的努力方向。

而 Serverless 技术是前端研发人员应当首先掌握的技术，掌握这种技术也是他们通往全栈工程师的一条捷径。

本章小结

在本章中，我们从 Serverless 的起源谈起，介绍了其基本理念以及 CNCF Serverless 白皮书对它的定义，从广义定义和标准定义这两个角度阐述了什么是 Serverless。随后我们结合前端架构的演进，探讨了为什么在基于 BFF 前后端分离的技术上，前端应该使用 Serverless 架构，以及它的价值和意义。

第 2 章将介绍 Serverless 的优势/劣势和典型应用场景，以便于我们知道应该在什么时候应用 Serverless 架构。

第2章 何时应用Serverless

第1章介绍了 Serverless 的起源、定义及其与前端的关系，本章将介绍我们应该在什么情况下使用 Serverless。在讨论其适用的场景之前，我们需要先了解 Serverless 的优势和劣势，通过对其优劣势的了解，自然能够知道其适用范围。在本章的最后，我们将从前端研发人员的视角出发，介绍 Serverless 在前端中的典型应用场景。

2.1 Serverless 的优势与劣势

我们在前面已经了解了 Serverless 的两个核心功能：FaaS 与 BaaS。

实际上，BaaS 是在当前云计算产品下的一层封装，底层基于 PaaS 构建。而 PaaS 则已是比较成熟的产品了。我们现在使用的各种云计算服务，如数据库服务、缓存服务、消息队列服务等，已经无须再自行开发、安装和配置，直接在云计算供应商中选择对应的产品即可。比如，AWS 及阿里云等云计算供应商都提供了数据库的云计算产品：RDS（Relational Database Service，关系型数据库服务）；同样，对于缓存和消息队列，我们也无须自己安装 Redis 或者 KafkaMQ 等开源产品，直接使用云计算产品即可。而 BaaS，则可以被看作 PaaS 的 Serverless 化。虽然目前大部分云计算产品已经做到了 Serverless 化，开发者无须关心这些云计算产品背后的部署和运维情况，只需要直接在服务端代码中调用它们对应的 SDK（Software Development Kit）即可；但 BaaS 则更进一步，它免去了在服务端调用该服务，前端再调用服务端的烦琐流程；而是通过提供客户端 SDK 的方式，让研发人员能够直接在客户端中调用这些云计算产品。

除了能够在客户端中直接调用，同样我们也具有在 FaaS 服务的函数中调用这些 BaaS 的能力。使用 FaaS 构建应用，可以让开发者将业务逻辑以代码片段的方式实现；在实现过程中对于云计算服务的依赖，则可以通过 BaaS SDK 调用对应的 BaaS 服务来获取。最后，整个应用由一系列代码片段组成。

上面这种通过函数片段来串联各种 BaaS 服务的场景，即典型的 FaaS 与 BaaS 的结合应用。BaaS 自身基于 PaaS；而 PaaS 已是比较成熟的云计算产品，其成熟的产品体系给快速产品迭代所带来的优势是不言而喻的。下面将主要讨论这种新型计算资源交付模式——FaaS 的优缺点。

FaaS，代表的是运行函数片段的能力。与传统的虚拟化技术或容器化技术相比，它具备诸多优点，主要包括无须考虑操作系统和文件系统、无须管理系统上的依赖软件、能根据负载情况实现自动扩容/缩容，以及通过这种自动扩容/缩容的弹性计算实现按调用付费。

FaaS 相对来说还是新兴的事物，它的缺点从目前来看也是比较明显的，主要包括缺乏系统性的文档、示例、工具以及被认可的最佳实践。同时由于长期处于云计算供应商各自发展的无组织状态，导致其缺乏标准化实现以及成熟的开源生态。另外，其在函数的调试方面，与本地应用开发比起来也显得不太方便。

因此，对于 FaaS 的特性，我们可以总结如下：

◎ NoOps。我们基本无须关心与运维相关的工作。
◎ 函数是无状态的。因为调度系统会自动地选择扩容或缩容的时机，所以无法在函数中保存一个临时变量，并让这个变量能够在以后的请求中被访问。
◎ 按用量付费。通常以函数的执行时长作为计费依据。

基于这些特性，我们能推导出与传统的虚拟化技术相比，FaaS 具有以下优点（优势）：

◎ 更高的研发效率。开发者无须关注函数的可用性问题，可以更聚焦于函数本身。
◎ 更低的部署成本。无须登录到服务器，通过控制台或命令行工具，即可完成服务的部署。
◎ 更低的运维成本。开发者无须担心容量问题，函数将根据负载情况来实现自动扩容/缩容。
◎ 更低的学习成本。操作系统、容器、运行环境等，对开发者都是不可见的。
◎ 更低的服务器费用。采用了按调用量付费的方式，可以大大缩减开发者的服务器成本。
◎ 更灵活的部署方案。每个函数的发布是根据版本进行的，可以更容易地实现灰度发布的能力。
◎ 更高的系统安全性。统一托管运行环境，开发者自身无须接触服务器信息。

同样，我们还应该清楚它目前的缺点（劣势）：

◎ 平台学习成本高。由于其是一种全新的架构，因此缺乏文档、示例、工具以及最佳实践。
◎ 调试成本较高。由于运行环境（Runtime）由云计算供应商提供，因此本地调试和日志查询比较困难。
◎ 冷启动时性能可能下降。由于部分语言自身的特性和限制，冷启动时间会较长。
◎ 供应商锁定。缺乏标准化实现以及成熟的开源生态，不同云计算供应商的实现不一致，这导致其迁移困难。

在介绍了 FaaS 的优缺点后，接下来将介绍其典型应用场景。

2.2 服务端的应用场景

通过上述优缺点的梳理，我想大家应该已经比较了解适合 Serverless 的场景了。这些场景中的业务，应该具备下面这些特征：

◎ 状态可以通过 BaaS 存储至数据库或其他持久化的服务中；因为函数自身是无状态的，所以我们无法直接在函数中保存这些数据。
◎ 每一个函数都是可以独立工作的，其相互间应该尽量没有依赖，或依赖较小。如果出现大量函数的联动调用，则由于计费系统是按单个函数进行统计的，因此它的计算资源费用就会上升。
◎ 函数长期处于无负载的状态，或负载波动不可预测并且十分剧烈。在长期无负载的状态下，可以自动缩容到零个实例，这可以大幅度地降低成本。同时，不可预测的剧烈波动，也可以使得自动扩容/缩容的能力得以最大化地发挥。
◎ 业务是基于事件驱动的，每一个函数能通过事件触发，这些事件包括 HTTP 请求、数据库修改、定时事件等。
◎ 对冷启动时间没有强烈的性能要求。当缩容到零个实例后，新的请求需要重新初始化容器，这可能导致毫秒至秒级的延迟。

同时，采用 Serverless 架构，对于团队或公司来说，如果其研发模式和理念符合以下特征，则可能更容易完成改造：

◎ 业务是快速变化的，因此需要研发人员提高应用程序的变更速度和频率。

◎ 希望能够降低服务器的运维成本，减少运维人员及相应的开支。

◎ 希望能够降低服务器的机器成本，减少服务器的数量及相应的开支。

◎ 希望提高生产力，并且能承受使用尚未成熟的技术所带来的风险。

如果实际项目越符合以上特征，则越适合采用 Serverless 架构进行研发；但这并不是绝对的。下面我们将基于这些特征，介绍 Serverless 的几个典型示例。

2.2.1 多媒体处理

建立在基于视频和图片的用户分享应用，因为具有良好的用户体验，近年来广受欢迎。这些视频和图片涉及的领域已不仅仅是娱乐行业，其目前已经渗透到电商、餐饮等各行各业中。这些应用的核心服务，则是基于多媒体文件的处理技术的。和开发者自己搭建一套转码服务比起来，基于 Serverless 的多媒体文件处理，能够有效地提高文件处理的效率，降低转换所消耗的计算资源成本。

我们以视频为例，若自己搭建一套视频转码服务，则成本相当高昂。这主要是由于视频转码对计算资源的消耗造成的。当用户上传一个视频后，我们希望能够在较短的时间完成转码过程，生成最终文件，这样该视频才能够被其他用户及时地收看。并且，我们还需要考虑同时有多个用户在同一时间上传文件的情况。因此，为了得到较好的用户体验，我们需要保持较快的转换速度。往往需要部署大量的转码服务器才能够应对不确定的视频数量。

视频转码是由用户手动上传视频文件后触发的，因此其需求波动也将受到上传者的影响，比如，凌晨几乎不会有人上传文件。在这种场景下，它对计算资源的需求波动较大，采用 Serverless 方案，将有利于提高效率、降低成本。多媒体处理是 Serverless 最早的业务场景应用之一。

图 2-1 展示了基于 Serverless 的视频转码服务架构。当用户上传一个视频后，它将被存储到文件存储服务中。然后会自动触发多个函数，其中包括三个用于转码的函数和一个用于封面图片提取的函数。这些函数会将视频处理成不同分辨率的，并且根据算法生成合适的视频封面。最后，再将得到的文件写入文件存储服务中，并同步到 CDN（Content Delivery Network，内容分发网络）。

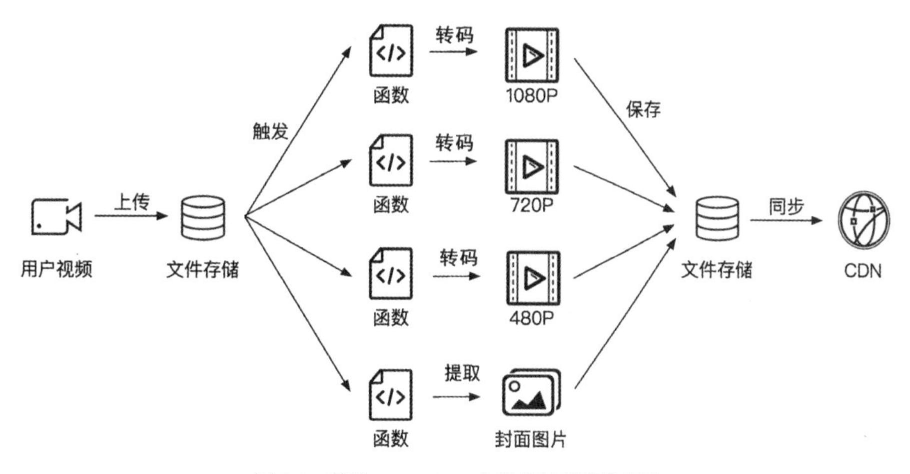

图 2-1　基于 Serverless 的视频转码服务架构

2.2.2　数据库变更捕获

在对数据库进行新增、修改或删除时，如果我们希望能够执行一个方法来进行附加的处理，并且这个处理可能是一个异步操作，那么我们通常有两种实现方式。

第一种方式是将附加处理的代码，接着数据变更之后的代码实现，让它们在一个流程中完成。但这两个操作本身可能并没有相关性，如果只是简单地合并，那么可能会造成这两个功能的耦合，不利于后续扩展。稍好的第二种方式是，当数据库变更时，发送一条消息，我们再通过另一个应用订阅它。但如此一来，我们不得不为了部署这些附加处理的实现而单独部署和维护一个应用集群。

而 FaaS 则在基于消息的基础上免除了应用的维护成本。这种情况非常类似于关系型数据库的触发器功能，那么我们为什么不直接用触发器实现这个附加处理过程呢？实际上，通过 FaaS，可以提供比触发器更强大和更灵活的能力。首先，它更加自由，因为无须受数据库触发器所支持的编程语言的约束，所以我们可以选择合适的语言进行编写。其次，测试更加简单，由于触发器对数据库及数据的高度依赖，因此其很难做到自动化测试；而函数则更容易实现高覆盖率的自动化测试。最后，其管理更加方便。无论是多版本的管理，还是灰度功能的控制，触发器都很难提供相应的能力支持，而 FaaS 则更加可控。

下面举一个比较常见的应用场景。假如我们上线了一款全球性的应用。这时候我们的运营人员需要发布一篇公告，那么它应该针对不同国家提供不同语言的版本。业务流程通常是这样的：运营人员会先基于某一语言编写一篇公告，再由翻译人员将其翻译成各国语言，最终发布。为了提高翻译的效率，我们应该给翻译人员提供由机器初步翻译的内容，然后让其进行校对。

基于 Serverless 的自动翻译架构如图 2-2 所示。当运营人员提交公告后，保存到数据库的数据将触发函数，函数将它们转换为不同语言的版本后进行保存。在保存后，又将触发通知函数，自动发送电子邮件通知翻译人员完成校对工作。

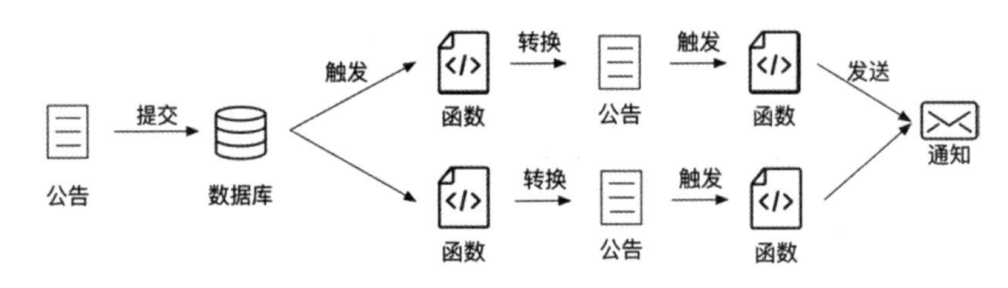

图 2-2　基于 Serverless 的自动翻译架构

2.2.3　处理 IoT 请求

随着 5G 的普及，IoT（Internet of Things，物联网）必将呈现出爆发式的增长趋势。由于有海量的传感器，并且每个传感器都会向服务器上报数据；因此，如何处理如此大规模的突发流量是我们需要考虑的问题。

以往，我们需要提前评估这些 IoT 设备的最大流量，以确保自己能处理来自所有传感器的瞬间流量。由于不可能一直保持最高并发流量，因此在大多数时候，其计算资源存在被浪费的现象。而通过 FaaS 和它的弹性扩容/缩容能力，现在我们可以更加高效地处理突发流量，同时无须为没有使用的计算资源而买单。

在家庭中，为了实现智能体验，系统首先需要了解用户家庭当前的情况，然后在云端进行分析，最后决策系统将做出某些具体操作。比如当室内温度高于人体舒适温度，并持续一段时间后，系统应该自动关闭门窗，并打开空调，以便将室内温度调整到合适的范围。

要实现上述智能场景，系统必须能够感知环境信息。目前，环境信息通常是通过安装在家庭中的各种传感器（如温湿度传感器、声音传感器等）或智能设备（如智能水表、智能冰箱、智能门窗）上报而来的。图 2-3 展示了基于 Serverless 的 IoT 数据采集架构，这些上报数据通过 FaaS 进行处理后汇总到数据库，以便进行后续的智能决策。

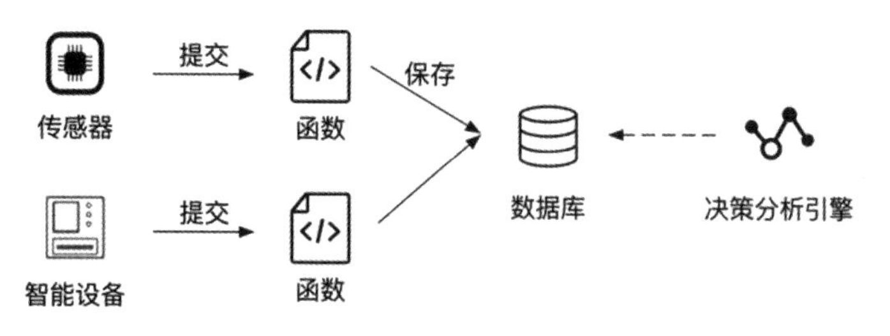

图 2-3　基于 Serverless 的 IoT 数据采集架构

2.2.4　聊天机器人

随着手机智能助手以及智能音箱的普及，目前聊天机器人已开始被人们所接受和喜爱。一款智能音箱通常会包含很多功能，比如讲故事、放音乐、定闹钟、查快递、叫外卖等等，我们将这些功能统称为技能（Skill）。由于各个技能是相互独立的，因此它们在实现上通常也隶属于不同的应用。

一款智能音箱通常有成千上万个技能，如果每个技能都由单独的应用实现，则这必将带来大量的运维成本并产生高昂的服务器费用。实际上，在这些成千上万的技能中，长尾效应十分显著。因此有大量的技能是处于“冷冻”状态的，其访问量很低。这些技能所占用的服务器资源长期处于闲置状态。因此，通过 FaaS 替代传统的应用架构，将大幅节省这些不必要的服务器费用，同时还将降低研发人员的运维成本。

另外，在我们与聊天机器人对话的时候，它们无须从一开始就提供毫秒级的响应，具有一定延迟的回复反而可能会使对话感觉更加自然。因此，当基于 FaaS 实现这个能力时，之前的启动时间的短板对于这个场景来说反而是一个优点。

图 2-4 展示了基于 Serverless 的聊天机器人架构。所有的技能（Skill）通过函数来实现，如此一来这些技能可以相互独立地开发、测试和发布；但又不会因为过于分散，而占用大量的服务器资源。

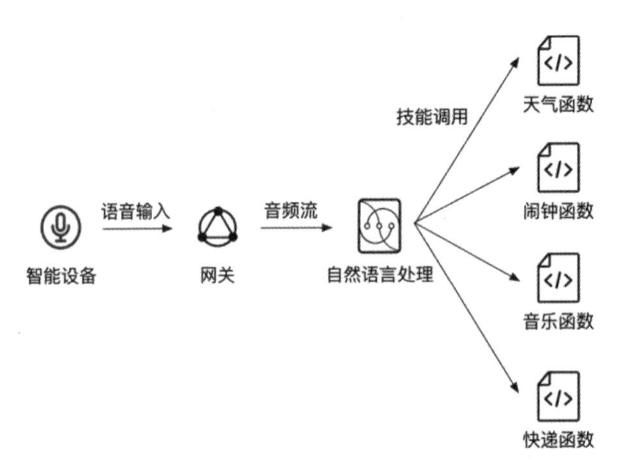

图 2-4 基于 Serverless 的聊天机器人架构

2.2.5 计划任务

计划任务，即提前设置并定制执行的任务，这是很多业务场景中比较常见的一种需求。比如作为前端研发人员，我们需要了解 Web 应用中用户的使用情况，这时候需要用到页面打点和统计工具。这些工具每天都将生成一份报表；而数据则一般是通过在凌晨的固定时间计算前一天站点的页面访问情况，最终汇总后生成的。对于访问情况，我们更关注的是趋势，而不是实时情况。因此，这些数据的统计无须做到实时，每天计算一次即可。

如图 2-5 所示，这些每天只需要执行几分钟，并且需要消耗大量计算资源的任务，非常适合使用 FaaS 执行。基于弹性伸缩的能力，这些服务可以在较短的时间里有效地完成计算。而在一天的其他时间，开发者无须为闲置的服务资源付费。

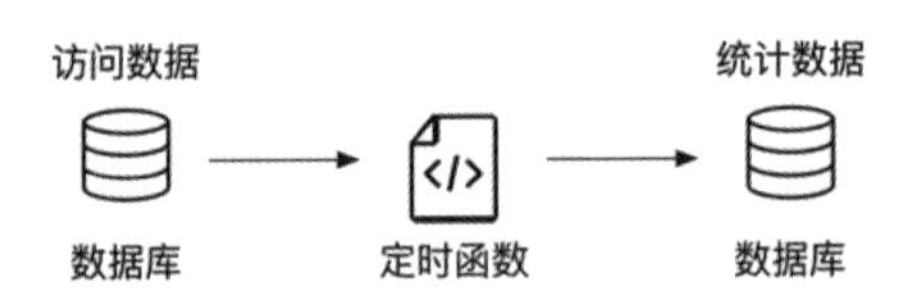

图 2-5 基于 Serverless 的计划任务

2.2.6 通用后端服务

提供 Web API 的后端服务，是我们最常见的研发场景之一。对于前端研发人员来说，我们通常会使用 Node.js 构建后端服务。然而由于 Node.js 的特性和相关工具的不完善，针对内存泄漏的排查工作一直是一个老大难问题。这也是 Node.js 的服务稳定性很难得到保障的原因所在。

而使用 FaaS 进行部署后，由于其动态扩容/缩容的操作，使得某一容器并不会长期地存在，因此内存泄漏这一问题有所缓解。在传统的 Node.js 应用中，为了提高应用整体的稳定性，我们会使用 PM2（参见链接 1）一类的守护进程（daemon）来部署真正的工作进程（worker）。这样，即使出现内存泄漏导致工作进程退出，守护进程也会立即启动一个新的工作进程。因此，PM2 是从进程级别来确保服务可用性的；而与 PM2 不同，FaaS 则直接从容器层面来保障服务的可用性。对研发人员来说所有函数都是即用即走的，其不用知道容器是如何被启动、销毁的，也无须担心由于异常而导致应用程序退出。

因此，通用后端服务改由 FaaS 提供后，我们不必再担心一些异常情况的出现，也无须人工地设置守护进程。若真正地出现了进程的异常退出，那么该容器会被立即销毁，并重新启动一个新的容器。同时，系统会将该异常的详细情况以邮件的方式通知研发人员，让其能够立即知晓，并展开原因的排查工作。

图 2-6 展示了基于 Serverless 的后端服务架构。由于 FaaS 自身并不支持 HTTP 协议，因此还需要通过 API 网关（API Gateway）来对外提供 Web API。

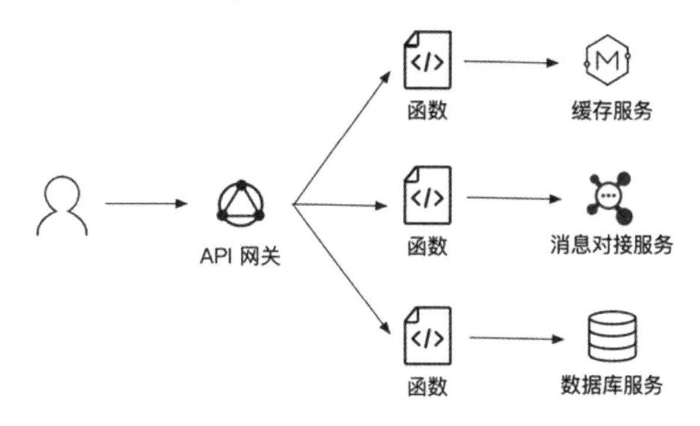

图 2-6　基于 Serverless 的后端服务架构

2.3　前端的应用场景

上面我们讨论了关于 FaaS 的服务端应用场景，那么站在前端研发人员的角度，在前端领域中 Serverless 可以应用在哪些场景呢？

FaaS 作为下一代云计算资源的交付模式，可以用来取代以往 Node.js 完成工作的方式。除了前面提到的通过 FaaS 提供 Web API 的通用后端应用，还有下面 4 个应用场景。

2.3.1 Web 应用

对于 Web 应用，前端研发人员一般会使用 Node.js 来实现服务端部分。我们以实现一个单页面应用（SPA，Single Page Application）的服务端为例，它通常有两部分功能：应用入口页面和 Web API。

针对应用入口页面，由于 SPA 应用的路由控制均在前端完成，因此页面请求总是被定向到一个固定的 HTML 文件，再通过 HTML 加载相应的 JavaScript Bundle 文件，在浏览器中完成路由。而 Web API 则是在框架中通过函数实现的，并且函数将绑定到一个对应的路由中。为了实现方便，我们会选用一个 Web 框架（如 Koa、Express 或 Egg）。完成开发后，我们会将这个包含一组 Web API 的 Node.js 应用部署到服务器上。

在大多数情况下，这些 Web API 的请求量并不是平均分配的。可能有时候查询请求较多（如商品浏览），但也有可能会有突增的写入请求（如“秒杀”活动）。并且，提供不同能力的服务也需要不同的计算资源。比如写入通常比查询更加复杂，所以会消耗更多的服务器资源。因此针对不同时期的流量进行预测，是一件较为困难的工作。若评估得太高，将导致计算资源的浪费；而评估得太低，则会造成用户请求时间的增长，甚至导致其请求超时。

基于弹性计算的 FaaS 架构可以更好地适应这一场景。入口页面直接通过网关返回，而 Web API 则可以更灵活地实现。每一个 API 变得可以独立评估，从而更准确地预估服务器的负载情况。并且，这些服务可以根据自己的负载情况自动扩容/缩容从而独立计费，这使得对服务器资源的管理和利用更加精细化。

2.3.2 SSR 应用

SSR（Server Side Rendering，服务端渲染）是最近前端的热门话题。在主流的前端方案中，我们通常使用 React、Vue、Angular 等前端框架来构建应用程序。这样，页面的渲染实际上是在客户端中完成的。也就是说，浏览器会首先加载框架页面和 JavaScript 代码，随后通过 Ajax 请求数据，之后将请求的数据填充到模板中，得到完整的页面。而基于 SSR 的实现方式，则把上述页面的初始化过程放在了服务端来完成。服务端在内部完成数据接口的请求之后，会直接将数据填充到模板中，并将最终的页面文件返回给客户端。这样减少了前端 JavaScript 代码的加载过程，也无须单独发起 Ajax 请求来获取数据。这使得页面的初始化过程得到了大幅提速。除了能有效降低首次访问的页面渲染时间，SSR 技术对 SEO（Search Engine Optimization，搜索引擎优化）也将更加友好。这对于以信息展示为主的站点，较为重要。

然而，从本质上来说，SSR 并不是一种新技术。早在十几年前 ASP、JSP、PHP 之类的服务端动态脚本语言，以及后来 Node.js 下的 EJS、jade、nunjucks 等模板引擎渲染技术出现时，实际上页面就已经是由服务端输出的了。直到后来 SPA 的流行，页面的渲染才转移到客户端中进行。但 SSR 与前面这些技术不同的是，它让用户在首次访问时，由服务端渲染页面；而在后续的交互中，又通过 SPA 的方式完成渲染。可以认为，SSR 是在纯服务端渲染（如 ASP）与纯客户端（如 SPA）渲染之间的一种方案。它既通过客户端渲染，保障了良好的页面交互体验；又通过服务端渲染，让页面首次打开的速度得以提升。

而基于 FaaS 来提供 SSR 输出，让我们可以更方便地使用服务端计算资源。将每一个函数绑定到一个 URL，当用户请求这个 URL 时，该函数将返回一个对应的 SSR 页面。因此，我们只需要完成函数的编写并发布即可，剩下的运维工作都将由平台完成。

这种按函数来返回页面的方式，让我们能够灵活地实现组装。我们可以将页面切分为多个区域，而每一个区域由特定的函数生成。这样，当用户打开页面时，我们可以优先请求并加载某一区域的页面代码。同时，这些不同区域的模块可以十分灵活地复用到不同的页面中。并且，我们可以根据不同的更新频率来缓存这些区域，从而进一步提高服务的性能。其架构如图 2-7 所示。

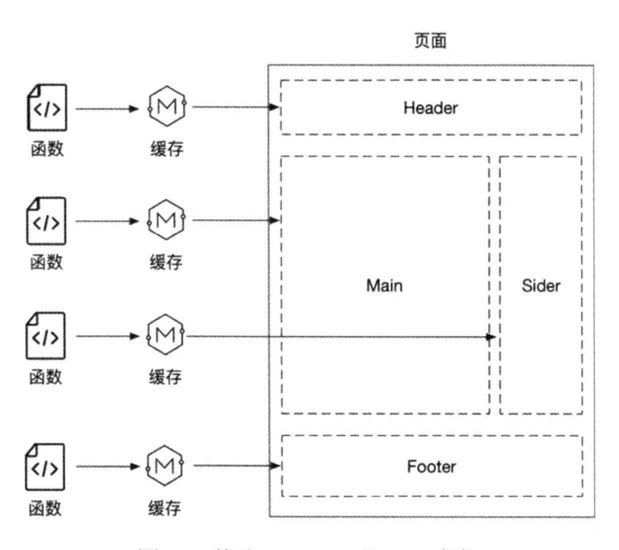

图 2-7 基于 Serverless 的 SSR 架构

这种将页面划分为多个区域的方式，进一步封装之后，被称为组件即服务（Component as a Service）。这里的每个“组件”均通过 FaaS 的函数提供。

2.3.3 移动客户端应用

移动客户端应用的研发人员，通常会将精力聚焦于 App 的研发中。使用 Serverless 架构，我们可以通过 BaaS 更轻松地集成和使用对应的服务端能力。

另外，将原有服务端的业务逻辑通过 FaaS 实现，可以有效地提升服务端业务逻辑的开发效率。这使得研发人员无须在开发移动客户端应用的同时，关注服务端的可用性等问题。这可以让研发人员将精力更加聚焦在移动客户端应用自身的开发中，加快 App 的迭代速度。

2.3.4 小程序

该场景和上述移动客户端应用较为类似，通常一个小程序同样由一个对应的服务端来提供 Web API。在传统架构下，研发人员将使用云计算产品来实现服务端功能。因此，小程序的研发工作，一般不是由前端工程师独立完成的，而需要涉及一个研发团队。

通过 Serverless 架构的实施，将改变这一现状。目前微信及支付宝等小程序平台均已提供了相应的 Serverless 云计算服务，包括 FaaS 及 BaaS 两大功能。研发人员通过 FaaS 编写 Web API，并通过 BaaS 来使用必要的云计算服务（如数据库服务、文件存储服务等），以完成小程序的后端开发工作，这使得小程序研发人员的服务端研发成本大幅降低。Serverless 在小程序的落地将更有利于小程序的应用和普及。

对于在小程序场景中，基于云计算供应商提供的 Serverless 服务如何实施，我们将在本书的第 3 部分具体讲解。

本章小结

在本章中，我们在一开始介绍了 Serverless 架构的优势与劣势，随后通过案例讲解了 Serverless 在服务端与前端的不同应用场景。但这些并不是 Serverless 仅有的应用场景，随着 Serverless 技术的普及，它将会应用到更广泛的场景中。希望读者在了解了 Serverless 架构的特性和优缺点后，能够基于这些特点，探索 Serverless 的更多应用场景。

在接下来的两章中，我们将分别介绍 Serverless 与目前主要的服务端技术和前端技术之间的关系，以便于我们更好地理解 Serverless 在这些技术中的位置，从而决定它们的使用方式。

第3章 Serverless与服务端技术

在本章中，将介绍服务端中的传统架构、微服务、云计算和容器化技术等，以及它们与 Serverless 的关系。虽然这些技术前端研发人员接触得并不多，但由于 Serverless 自身也是服务端技术的一种，因此我们应该理解这些服务端技术，以便于我们能够更好地应用 Serverless。

3.1 应用分层架构

在传统的企业应用架构中，通常只有一个应用。所有的业务代码都在同一个系统中组织，我们一般将这样的应用称为单体应用程序（Monolith Application，简称单体应用）。为了使代码更容易被组织起来，在对应用进行软件结构设计时，通常会通过横向切分的方式来分层设计。

分层设计中最经典的是 3 层架构（3-tier architecture），如图 3-1 所示，它将单体应用程序划分为 3 层，即表现层（User Interface Layer，又称用户接口层）、业务逻辑层（Business Logic Layer）和数据访问层（Data Access Layer）。

我们以某大型购物网站为例，如果采用 3 层架构来设计该网站，那么表现层则是该网站的网页，它们由商品的详情页、列表页，以及购物车和下单支付页等一系列页面组成。而业务逻辑层则会封装具体的功能（比如搜索某个商品、将商品添加到购物车、下单支付等），这些功能通常由表现层的交互事件触发。最后则是数据访问层，它主要负责与数据库的交互。这一层将实现在逻辑层中对数据操作后的持久化工作，对应的是对数据库的增删查改等操作。通过这种分层方式，可以实现“高内聚低耦合”的目标。通过每一层只关注一种类型的事件，大型应用的代码更容易组织。

除了上述这种最基本的 3 层架构，在马丁·福勒（Martin Fowler）的《企业应用架构模式》以及埃里克·埃文斯（Eric Evans）的《领域驱动设计》这两本书中，提出了更进一步的分层架构。他们将原有的 3 层架构进行了更细的划分，提出了应用层、领域层、持久层、基础设施层等概念。但其中心思想仍然是通过分层来实现对大量代码的切分，从而达到关注点分离（SOC，Separation of concerns）的目标。

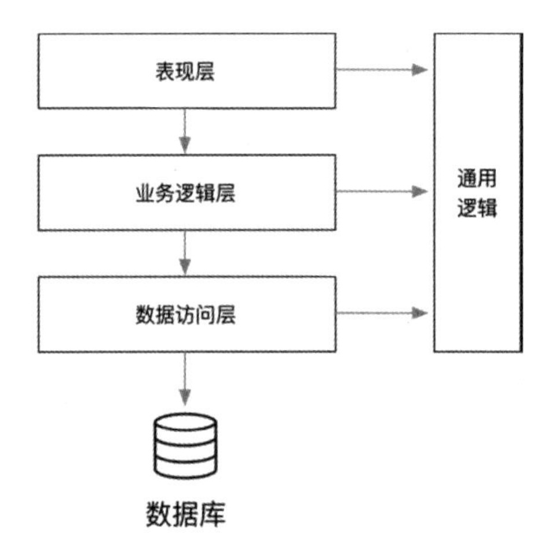

图 3-1　经典的 3 层架构示例

无论是经典的 3 层架构还是后续的演进版本，因为它们足够简单，并且足以支撑项目初始阶段的扩展和维护需要，因此往往都是项目最初采用的架构模式。这种模式的好处是显而易见的，每一层的设计与实现只需要关注自身一层以及上下层的接口即可，屏蔽了无须关注的其他信息，这使得系统更容易维护。

通过在传统分层架构的应用上使用 Serverless 技术，可以有效地降低应用的整体研发成本。

首先，我们可以将传统架构中的用户登录、权限验证等通用功能从业务代码中抽取出来，进而使用 BaaS 取代，这样就不用在一些通用的基础能力上投入研发资源了。在降低研发成本的同时，使用 BaaS 还可以有效地降低代码的复杂度，提高代码的可测试性。通过直接从逻辑层调用相应的 BaaS 服务，减少了非业务代码在不同层之间的来回传递，这可以使得代码逻辑更加清晰、简单。

其次，由于单体应用内部的耦合度往往极高，相互调用的依赖问题随处可见，因此这些服务都是密不可分的。这时候如果某个服务请求量较高导致了性能瓶颈，我们就无法单独地扩展该服务，而必须扩展整个应用。这将导致较大的维护成本和资源浪费。而通过 FaaS，我们就可以针对特定的接口完成扩容。

但需要注意，将一个大型的分层架构应用迁移到 Serverless 架构并不是一件容易的事情。

我们不应该将整个单体应用一次性地进行迁移，而应该分模块逐步迁移。可以从那些最耗费资源、请求量最大的模块开始，这样可以得到较高的收益。由于表现层和业务逻辑层的关系并不紧密，因此如图 3-2 所示，我们可以首先考虑实现前后端分离；在此基础上，我们可以逐步将业务逻辑层和数据访问层迁移至 FaaS 中，并使用 BaaS 替代应用原有的一些通用能力。

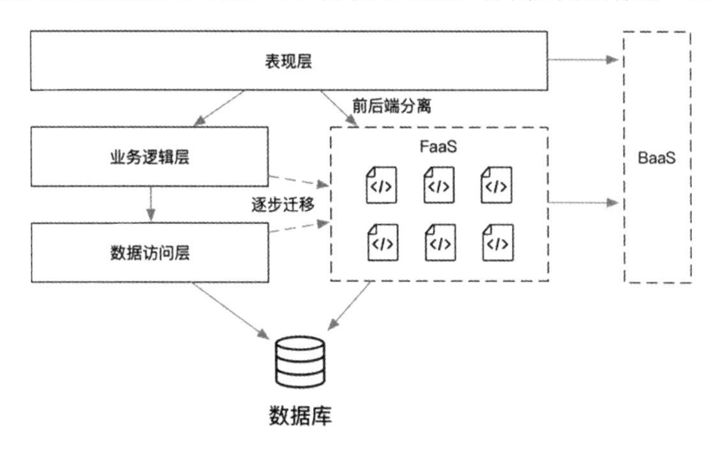

图 3-2 从 3 层架构到 Serverless 架构

3.2 微服务架构

微服务（Microservices）是一种软件架构风格。它从分布式架构发展演变而来。它通过将一个大型单体应用程序切分为多个独立小型服务的方式来实现更轻量、可控的软件研发管理。这些服务通常按业务的功能模块进行划分，并独立进行研发和部署，运行在各自的服务器集群中，互不影响。同时，服务间通过 RPC（Remote Procedure Call，远程过程调用）来实现相互通信。这样，各个服务就可以根据实际需要，采用不同的语言、不同的数据库以及不同的依赖方便地完成相应的功能。

微服务架构之所以能够流行，与我们上面所介绍的传统分层架构的局限性有关。如图 3-3 所示，在传统分层架构中，我们所有的研发工作都是在同一个应用中完成的，无论是开发、测试，还是发布、运维，都需要操作整个应用。这样显得极为不便，导致我们很难对它进行扩展，因为即使只变更应用的很小一部分（极端情况下甚至只是修改几行代码），我们也需要重新编译构建、运行测试，再重新部署整个应用。传统分层架构对于大型应用来说，很难保持良好的可维护性和可扩展性。

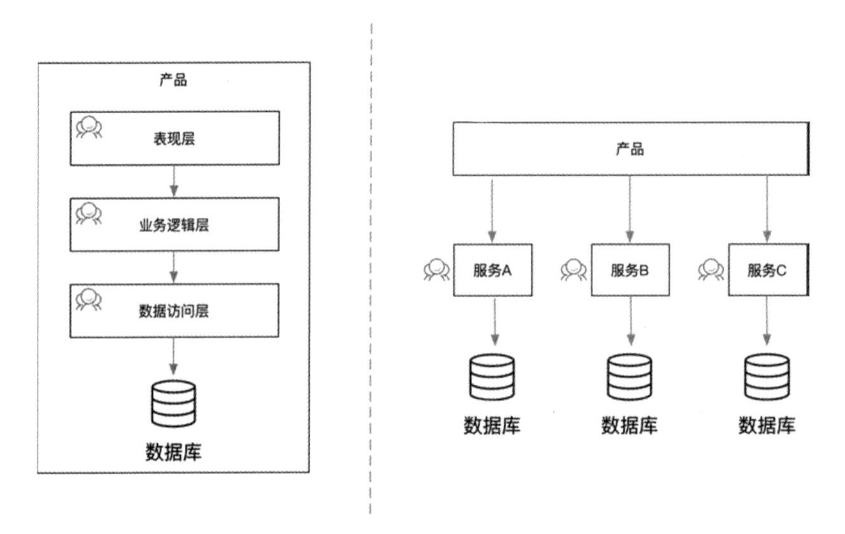

图 3-3　经典的 3 层架构与微服务架构

实际上，微服务与传统分层架构的关键区别是分工方式的不同，后者是横向按工作步骤切分的，而前者是按工作模块切分的。讨论到分工方式的不同，这里不得不提到著名的康威定律（Conway's Law），同时这也是微服务架构的理论基础。康威定律是这样描述的：

> 设计系统的架构受制于产生这些设计的组织的沟通结构。
>
> ——Melvin Conway（1967 年）

如图 3-4 所示，康威定律表明，那些被设计出来的系统的架构，同时也就是设计出这个架构所在组织的架构镜像。也就是说，系统设计在本质上反映了企业的组织结构，组织的沟通形式最终将影响系统架构设计，有什么样的组织结构，就将得到什么样的系统架构。同样，组织结构也将受到我们所设计的系统架构的影响，因为这些系统在设计完成之后，又将反过来约束、限制组织的发展和改变。

一般来说，企业在创立之初，因为开发团队的规模不大，通常会采用我们在前面所说的传统分层架构，也就是一个单体应用。然后随着业务的发展，开发团队的人数也将随之增长。如采用单体应用，每一个人都需要了解整个应用。这种沟通模式呈网状结构；也就是说，每一个人都需要与另一个人进行通信，沟通成本是 $n×(n−1)/2$。随着人员的增加，这种沟通成本将呈现指数级增长的态势。当超过 10 个人之后，我们就很难在一个团队之中协作完成工作了。这时增加一个人所带来的生产力，甚至无法抵消掉这个人所带来的沟通成本。这时如果不对单体应用进行拆分，大幅增长的沟通成本将会严重制约团队的生产力。

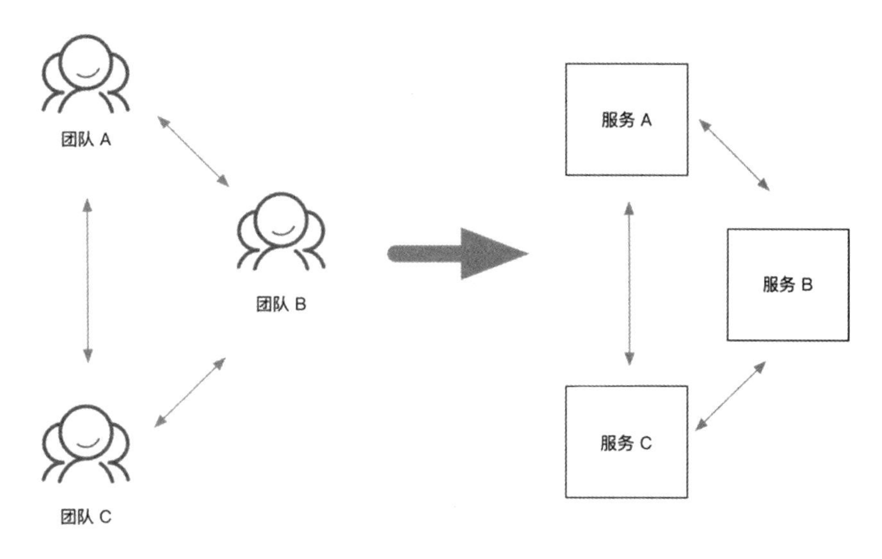

图 3-4　康威定律

正如《人月神话》中的著名观点：

> 在一个时程已经落后的软件项目中增加人手，只会让它更加落后。
>
> ——Fred Brooks（1975 年）

这一现象主要是沟通成本的增加所致。所以，为了解决传统架构的这种难以维护的问题和降低持续增长的沟通成本，把单体应用拆分为多个服务的微服务架构被提出。通过微服务，我们可以让每个应用只关注自己的业务，屏蔽不必要的信息，以此降低沟通成本。但微服务架构与其他新技术一样，它在解决一个问题的时候，也带来了一些新的问题。这主要包括服务治理（主要指服务的可用性，包括集群容错、服务伸缩、服务限流、服务降级等）和服务通信成本问题。

基于微服务架构的应用，通常更适合也更容易被转换为 Serverless 架构。

为什么更适合转换为 Serverless 架构？我们经历了从单体应用到微服务，再到 FaaS 的过程。从计算资源的角度来看，可以认为这其实是向着更加精细化控制的方向演化。因为只有能够精细化控制之后，我们才能更好地调度这些计算资源，使其利用率最大化。通过微服务到 Serverless 的改造，我们可以用更细粒度的方式对资源进行管控；通过按用量计费的方式，可有效地降低企业的成本。

而且，无论是微服务还是 Serverless，都强调不同服务间的解耦合；也就是说，服务的组织方式是松散的，它们相互只通过 API 进行调用而不直接依赖。这使得我们可以逐步完成改造。

如图 3-5 所示，通过一个将微服务改造为一系列函数的组合，再开始下一个微服务的改造，以实现可控的平滑迁移。我们无须像从传统架构到微服务架构的改造一样，对整个项目进行大规模的重写，只需要通过一步步迭代，使原来的以微服务方式提供的服务，升级为以函数的方式提供的服务即可。

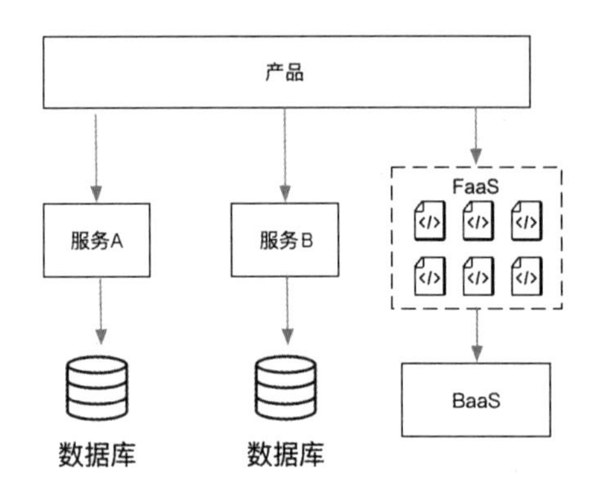

图 3-5　基于 Serverless 的微服务架构

需要指出的是，微服务架构与 Serverless 自身并不是取代关系。微服务架构指的是，一个完整的应用是通过多个服务组合而成的，这些服务可以选择不同的技术来实现。而 Serverless 指的是一种计算资源的调度，即通过函数的方式实现更灵活的资源调度。所以，即使在 Serverless 模式下，也同样能够应用微服务架构。

在 Serverless 模式下，由于将原来的服务拆分成了成百上千个函数，因此这些函数应该如何更好地组织，正是目前 Serverless 所面临的问题之一。而通过微服务的理念，我们可以更有效地组织和管理 Serverless 中的函数。

3.3 云计算

云计算，是相对于我们传统的物理机来说的。在云计算之前，企业需要部署服务时，通常需要自行采购物理机，并将其托管到机房中。这就像我们在前面讲到的电的使用，像小作坊产生电力一样原始。而云计算，则可以将软硬件资源和信息通过共享的方式，按需求灵活提供给需求方。

云计算，是通过将计算资源“虚拟化”，让用户无须了解计算资源背后的细节，也不必具备相应的专业知识，就能直接使用。与传统的物理机部署方式相比，云计算服务通常具备随用随取、易于扩展的优势，并且因为其按需使用、多人共享的特性，企业能更轻松地节省使用计算资源的费用。这便是云计算的价值所在。

目前云计算按服务模式分类，通常被划分为以下三大类型。

◎ 基础设施即服务（IaaS，Infrastructure as a Service）。这是云计算服务中提供计算资源最基本的一种方式。在该方式中，通常采用包月付费的方式，向云计算服务商租用服务器、虚拟机、存储空间、网络资源等。在没有 IaaS 之前，我们只能像上面提到的通过服务器托管或者租借的方式来获取计算资源。现在我们无须购买或租借物理服务器，可以按照自己的需求租用虚拟服务器。开发者不用了解，也无须管理底层的基础设施（即物理机房）；而是直接控制其计算资源，就能够部署和运行任意操作系统和应用程序。之所以说它是最基本的方式，是因为它除改变了计算资源的提供方式外，其他方面与之前并没有区别，我们仍然要在这些虚拟服务器之上选择操作系统、安装依赖软件，并部署我们的应用。我们平时使用的 Amazon AWC EC2、阿里云 ECS 产品都属于这种服务模式。

◎ 平台即服务（PaaS，Platform as a Service）。这些服务有时候也被称为中间件。这些服务会提供企业应用中需要用到的各种功能层面的服务，以便在提高企业研发效率的同时降低相应服务的使用成本。这样我们就不用关注物理服务器，并且也无须关注这些服务器所运行的操作系统等问题。PaaS 多数是云服务供应商直接将开源社区的方案在云上进行部署，让开发者可以直接按需使用而不用关注其如何部署和运维，比如 Hadoop、HBase 在各大云服务供应商的平台上都有相应服务包装的产品。此外，也有一些云服务供应商会提供一些自行研发的中间件服务，比如我们前面提到的 Google App Engine，以及前端最常使用的 CDN 就属于这种服务模式。

◎ 软件即服务（SaaS，Software as a Service）。即提供直接可用的软件，这是一种特殊的交付方式。与传统软件一次性购买许可并终身使用的方式不同，SaaS 基于订阅的许可方式（即服务租用）。SaaS 产品通常托管在云端，无须在本地安装软件，而是直接通过浏览器或特定客户端使用。云服务供应商一般不会直接提供 SaaS，而是通过提供 IaaS 与 PaaS，之后让其他开发者在其上研发 SaaS 产品。因此，这些产品的特点是服务通过云端部署，并针对用户按月收费。比如在 Amazon AWS 中部署的 Dropbox 产品，就属于这种服务模式。

除了我们上面提到的 3 种服务模式，Serverless 目前有成为第 4 种服务模式的趋势。它彻底改变了云计算下的研发模式。

在此之前的云计算服务，无论是 IaaS 还是 PaaS，实际上并没有从根本上改变应用程序的研发模式；也就是说，代码的开发、管理、部署方式并没有太大不同。无论部署在虚拟机还是部署在容器中，代码的逻辑架构都是相同的。而在 Serverless 下，这一切都不同了。我们只需要编写与业务相关的逻辑代码片段（即函数）即可。真正第一次做到了按业务的需要来研发；而无须像以往一样，需要将业务代码与各种控制代码（比如故障预案和限流降级的处理逻辑、框架的脚手架代码）交织在一起，它们的详细对比如图 3-6 所示。

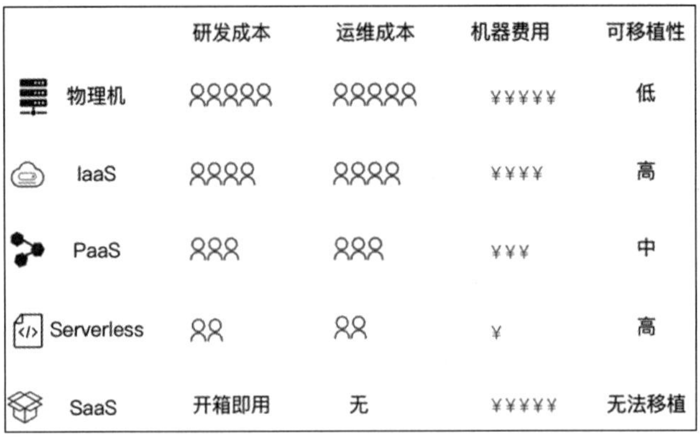

	研发成本	运维成本	机器费用	可移植性
物理机	👤👤👤👤👤	👤👤👤👤👤	¥¥¥¥¥	低
IaaS	👤👤👤👤	👤👤👤👤	¥¥¥¥	高
PaaS	👤👤👤	👤👤👤	¥¥¥	中
Serverless	👤👤	👤👤	¥	高
SaaS	开箱即用	无	¥¥¥¥¥	无法移植

图 3-6　云计算服务模式对比

Serverless，将是一种更自然的使用计算资源的方式；因此，它将可能成为下一代云计算的服务模式。

3.4　容器化

随着云原生（Cloud Native）技术的推广，容器化技术被普及开来。与虚拟机相比，容器化有轻量化、易于配置、快速扩展、易于迁移等优点。

从原理上来说，容器化技术也是一种虚拟化技术。在过去，虚拟化技术的主要应用场景是虚拟机。虚拟机指的是，将计算机硬件进行虚拟化，从而实现在物理机之上运行不同的虚拟主机，安装不同的操作系统，以及在操作系统之上安装相应的软件，以满足开发者的需求。但虚拟机需要运行完整的操作系统，这需要耗费大量的计算资源；并且在大多数场景中，不同的开发者实际上对操作系统本身并没有特别的需求，通常只是需要安装不同的依赖软件。

容器化的应用解决了上述问题。容器化技术进一步将操作系统进行了虚拟化。它通过 Linux 的 Control Groups 和 Namespace 两大特性，实现了对系统资源（主要是 CPU 和内存）的隔离，提供了能使不同容器独立并且安全运行的环境。我们只需基于隔离的容器环境，即可互不影响地在同一个操作系统中安装和部署不同的应用程序。由于每个应用不需要独立的操作系统，因此这极大地降低了其对服务器资源的消耗。

容器化技术的明星产品是 Docker。它是一个开源的应用容器，可以让研发人员将应用程序通过构建，打包成一个 Docker 镜像文件，然后通过容器编排（通常为 Kubernetes）技术部署。通过 Docker 部署应用，我们可以极大地降低应用程序的部署成本。只需要在 Dockfile 中编写依赖软件以及部署应用程序的构建和启动脚本，我们就可以通过各种云服务供应商的容器化服务，部署应用。由于无须依赖操作系统，因此与之前的虚拟机相比，这些应用无论进行横向扩展还是进行跨云服务供应商的迁移，都变得极为便捷。

如图 3-7 所示，Docker 的 Logo 是许多集装箱放置在一艘像鲸鱼的货轮上，这很形象地说明了它自身的理念。即通过用集装箱（容器）隔离的方式，让不同货物能够搭载到同一艘货轮（操作系统）上，而不是通过部署多艘货轮（虚拟机）来满足不同客户的需求。

图 3-7　Docker 的 Logo

FaaS，则在容器化的基础之上，进一步将应用框架实现了虚拟化。通过应用框架的虚拟化，开发者不仅无须安装操作系统，甚至连依赖软件和类库等都无须关心。从本质上来说，FaaS 是对容器化技术的进一步封装，它对 Dockfile 文件也进行了屏蔽，由 FaaS 的提供商进行维护。这代表依赖软件安装、代码的部署逻辑、应用程序的启动方式都无须关心，开发者只需要编写代码片段即可。

3.5 NoOps

NoOps 指的是无须运维。NoOps 从 DevOps 发展而来。二者都是一种开发模式，旨在通过技术手段，尽量降低甚至消除运维成本。那么，为什么需要 NoOps 和 DevOps 呢？

在讨论 NoOps 之前，让我们思考一个更大的话题：商业活动的本质是什么？

商业活动，是一种有组织地提供用户所需的商品与服务的行为，它是以赢利为目的的。既然其目的是赢利，那么如何实现规模化赢利呢？用户在选择商品和服务时，通常会考虑价格、质量和效率，正如我们都希望自己购买的商品物美价廉，并且还能快速、方便地得到一样。

在保障产品的价格、质量和效率方面，日本丰田公司在为客户生产车辆的过程中，创新性地提出了精益生产（Lean Production）的管理哲学思想。精益生产指的是通过系统结构、人员组织、运行方式和市场供求等方面的改变，使生产系统能很快地适应用户需求的不断变化，并能使得生产过程中一切无用、多余的东西被精简，最终达到生产各方成本最优的一种生产管理方式。与传统的生产方式不同的是其品种多、批量小。

也就是说，它是一种能够快速响应用户需求并简化生产过程的管理方式。

软件行业在精益生产哲学思想的基础之上，提出了适用于软件行业自身的生产管理理念，也就是持续集成（Continuous Integration）、持续交付（Continuous Delivery）和持续部署（Continuous Deployment）。

持续集成主要指的是研发人员在提交任意代码后，系统将立刻进行打包构建和自动化测试。若在构建或测试的过程中出现失败，将直接通知系统的负责人。这样我们能时刻保障自己的代码是可以被集成的，整体代码处于一种高可用的状态。在 GitHub 上面的大多数开源项目，都包含了持续集成服务，以确保代码的正确性。其核心目标是保障在研发过程中出现的问题能及时得到解决。

持续交付是紧接在持续集成之后的流程，旨在让应用快速达到可运行的状态。比如，我们在完成持续集成后，持续交付系统会将系统自动发布到生成环境。但这时候线上的实际流量仍指向原有服务。我们可以根据实际需要，选择何时切换上线以及切换流量的比例（即灰度发布）。

持续部署则是在持续交付的基础上，把最后的部署流程进行了自动化。

基于持续集成、持续交付和持续部署的理念，诞生了 DevOps 的软件开发模式。DevOps 是 Development 与 Operations 的组合，表示作为软件研发人员，同时负责开发和运维工作。在过去，当服务端代码开发、测试完成后，需要由专门的运维团队来控制产品的发布，这拉长了产品的整个生产流程。而研发人员与运维人员由于信息不对等，因此需要消耗大量的沟通成本，才能完成产品的发布任务。随着云计算技术的普及，运维成本已大幅度降低，我们只需要在云计算供应商的平台上，通过 Web 页面即可完成产品的发布。发布和运维这件事可交由研发人员自己完成，这使得产品的交付效率得到了大幅提升。

NoOps 是 DevOps 的下一阶段。在 DevOps 的模式下，我们仍然需要编写用于构建和发布的脚本，并手动执行它们。然后监控线上负载情况，根据负载进行扩容或缩容操作。而在

NoOps 的理念下，这一切都交给了云计算供应商。NoOps，即无须运维。可以想象，NoOps 一旦实现，就可以大幅度减少研发人员在运维方面的投入，他们就可以将更多的精力放在业务逻辑代码的编写上，从而提高生产效率。

而 NoOps 仅仅是一种理念，通过什么方式能够实现 NoOps 呢？

基于 Serverless 架构的研发方式，正是 NoOps 理念的实践方式。原有在发布过程中需要运维人员参与和关注的内容，都统一由平台自身来实现，研发人员只需要在页面中通过控制台即可完成一次发布。

从云计算的 IaaS、PaaS、SaaS 发展而来的 DevOps，到 Serverless 架构下的 NoOps，在此可以看出，底层技术架构将深远地影响甚至改变我们的研发模式。我们正在走向更加智能化、更加简化的应用研发流程。通过技术的演进，将底层架构逐渐屏蔽，让研发人员将精力投入真正能够创造价值的业务中，从而更快速地交付产品。

这一切的变革将通过 Serverless 加速实现。

本章小结

本章介绍了 Serverless 与各个后端（即服务端）技术之间的关系。并且了解了如何从传统架构和微服务架构逐渐迁移到 Serverless 架构。本章还介绍了 Serverless 的核心依赖：Docker。关于 Docker，我们将在后续章节中做更深入的介绍。

接下来，我们将视角转换到前端技术，了解 Serverless 给前端技术带来的变革。

第 4 章 Serverless与前端技术

本章将主要介绍与前端相关的技术，包括它们的起源、意义，以及与 Serverless 的关系。这些前端技术包括 BFF、Node.js、TypeScript、GraphQL 和 NoBackend。对于前端研发人员来说，应该对这些技术名词并不陌生，因此这里对于这些技术的使用方式和场景不会做过多介绍，我们将着重讨论它们是如何与 Serverless 相结合的。

4.1 Backend For Frontend

对于前端研发人员来说，如果编写过 Node.js 应用，那么应该对 BFF 架构有一定的了解。

BFF（Backend For Frontend），即服务于前端的后端。它最早是由 ThoughtWorks 公司的 Sam Newman 在一篇名为 *Pattern: Backends For Frontends* 的博客文章中提出的。在该文中，Sam Newman 介绍了 BFF 主要通过在前端和后端之间增加一个“胶水层”（“这个”胶水层“由对应的客户端负责编写），实现对客户端所需要的 API 的聚合和裁剪，从而解决前后端分离之后所带来的协作问题。

关于 BFF 的起源，以及它所解决的问题，已经在第 1 章中介绍过。我们已经了解了，BFF 层只关注两件事情，即聚合和裁剪。聚合指的是根据客户端当前页面所需要的数据，合并不同的微服务，最终提供一个统一的接口，以避免客户端多次发送请求来获取数据；而裁剪指的是基于聚合后的接口，将接口中的字段转换为客户端需要的格式，并移除那些客户端中不需要的字段。这样可以避免在客户端中的格式转换，减少不必要的数据传输。可以看出，BFF 具备以下这些优势：

◎ 接口可灵活装配，客户端需要的数据可调用对应的微服务获取，格式也可在服务端完成转换。

◎ 可降低沟通成本。服务端的开发者无须了解客户端所需的数据接口，就可以开发服务。

◎ 有利于客户端的性能优化。通过接口的聚合，减少了客户端向服务端请求的次数，同时减少了数据的传输量。

◎ 有利于提升客户端的安全性，减少数据的暴露。

由于 BFF 层的理念是，针对不同的客户端（如桌面端、移动端）来实现对应的聚合 API 层，并且由对应的客户端研发人员开发和维护各自的端。因此，对于前端研发人员来说，通常采用的技术栈是 Node.js。这样一来，将基于 Node.js 实现的 BFF 层转换成 Serverless 架构是一种相对低成本高收益的架构变更，这一变更补上了前端研发人员在运维方面的短板。

通过将 BFF 的 Node.js 应用迁移至 FaaS 服务，将有效提高 BFF 的研发和运维效率。在这之后，逐步了解和学习 BaaS，随后进行更大范围的尝试和探索，将是一条不错的 Serverless 演进路线。

4.2 Node.js

Node.js 是一个基于 Chrome V8 引擎封装的 JavaScript 服务端运行环境；也就是说，Node.js 实际上提供了 JavaScript 在服务端运行的能力。而作为在服务端运行的 JavaScript，与其他服务端语言（如 Java）相比，主要有以下优势。

首先，JavaScript 是解释性语言。JavaScript 语言本身是一门脚本语言，它是直接解释运行的。所以它无须像 Java 一样，先编译为中间语言，之后在 JVM（Java 虚拟机）中运行；其源码能够直接运行。因此，Node.js 也继承了这一特性。由于不依赖虚拟机，因此 Node.js 的服务启动十分快速。

其次，JavaScript 是基于事件驱动的。Node.js 利用了这一优势，通过采用一系列非阻塞的设计，提高了并发处理能力，因此它可以相对容易地编写出高性能的服务端应用程序。

最后，JavaScript 是一门单线程语言。由于其采用了单线程的设计，因此避开了较多并发场景中需要解决的问题，如资源争夺导致的死锁问题等。

在 Serverless 中，由于 JavaScript 的上述特点，所以云计算供应商在最初都不约而同地提供了基于 Node.js 的 FaaS 服务，后续才逐渐增加了对 Python、Go、Java 等其他语言的支持。

那么，为什么这些特点更适用于 Serverless 呢？

Serverless 的核心是按需付费，而要实现按需付费，自然需要十分灵活的弹性计算能力；也就是在需要的时候自动扩容，在没有请求的时候能够自动缩容。自动扩容的一个关键指标就是实例的启动时间：往往要求实例能够在毫秒级完成启动。因此，Serverless 对语言运行环境的冷启动时间有苛刻的要求，而在依赖虚拟机（如 JVM）的语言（如 Java）中，这是一个难以解决的问题，这是因为需要先启动虚拟机才能执行代码，而虚拟机的初始化往往需要数秒才能完成。所以可以预见，在 Serverless 架构下，对于需要虚拟机才能运行的语言来说，除非有更好的解决方案，否则将很难大规模应用；而 Node.js 在这方面具有天生的优势。

同时，由于 Serverless 的目标就是屏蔽服务端的相关概念，因此它对前端研发人员来说十分友好。这也正是目前大多数 Serverless 应用都由前端研发人员使用 Node.js 编写的原因。

在此看出，我们可轻松地创建基于 Node.js 的 Serverless 应用。基于 Node.js 的 Serverless 应用能够让我们轻松地开发服务端应用程序，并且实现应用的快速部署、低成本运维。Serverless 应用解决了前端研发人员在运维方面的困扰，前端研发人员十分容易上手。

4.3 TypeScript

TypeScript 是 JavaScript 的超集，通过 TypeScript 编写的应用可以编译成 JavaScript，其编译出来的 JavaScript 可以在任意 JavaScript 的运行环境（如浏览器、Node.js）中执行。

因此，TypeScript 实际上可以被看作一种特别的编译型语言，由于它的“中间语言”是 JavaScript，因此它并不需要虚拟机。相对于解释型的 JavaScript 语言来说，它有很多前者所不具备的优势。

在以往我们开发 JavaScript 应用时，最常出现的问题可能就是无法在运行前检查出那些低级的 bug（如类型转换错误、未进行 Null 值检查等）了。在研发时，当我们需要调用其他类库时，只有通过阅读文档的方式才能了解其 API 的参数等信息，这同样困扰着我们。通过 TypeScript 的强类型特性，这些问题都将得到解决。TypeScript 支持的类型系统，使得研发人员在开发 JavaScript 应用时，通过静态检查等工具，就可以避免一些由低级错误所导致的线上问题，将原来在运行时出现的问题前置到开发时解决。同时，通过类的声明和定义，能够很好地通过智能提示了解 API，从而改善原有的只能通过文档来了解 API 的弊端。

正因如此，TypeScript 在前端研发人群中已变得日益流行。对于复杂项目来说，它的类型系统、编译检查、IDE 辅助能力等都可以极大地降低线上问题出现的概率，将绝大多数 bug 消灭于编译阶段。

由于 FaaS 将应用进一步拆分成了函数，因此不太容易出现代码规模较大的情况。在云服务供应商提供的 FaaS 产品上，我们很少看到有原生工具支持 TypeScript。原因有二：一来，复杂度没有达到采用 TypeScript 的价值；二来，FaaS 自身并不提倡构建复杂函数，函数应该尽量保持简单，以便易于维护。

4.4 GraphQL

GraphQL 是一种查询语言。GraphQL 对 API 中的数据提供了一套易于理解的完整描述，这使得客户端能够准确地获得自身需要的数据，而且没有任何冗余。实际上它与 SQL 一样，是一种 DSL（Domain-Specific Language，领域特定语言），即专门用于某一特定领域（这里指数据查询）的计算机语言。

在 GraphQL 之前，我们通常使用的是 RESTful 风格的 API 来完成相同的查询需求。但在 RESTful API 中，当希望获取多个数据时，通常需要多次调用不同的 API，而 GraphQL 则很好地解决了这个问题。GraphQL 查询不仅能够获得资源的属性，而且还能沿着当前资源进一步检索关联资源。这样一来，即使在比较慢的移动网络连接下，通过一次聚合查询也可完成，这使得 GraphQL 的应用表现得足够迅速。

但是，想要在架构中应用 GraphQL 技术并非易事，现在主流后端基本都已采用微服务架构了。若要实现 GraphQL 的查询能力，则需要将所有后端服务进行改造，改造成本极高。另外，由于后端会由不同的团队编写微服务应用，因此它们的实现也可能不尽相同。若要将不同实现的后端（甚至是数据库）统一实现聚合查询的能力，目前似乎没有比较好的解决方案。

GraphQL 的定位与 BFF 类似，只是 GraphQL 通过框架实现了所有资源具备聚合能力，而 BFF 是由研发人员通过代码实现聚合能力的。那么，GraphQL 是否适合在 Serverless 架构下应用呢？

对于 GraphQL 服务来说，它实际上只需要提供一个端点（EndPoint）即可，客户端的所有查询语句，都通过这个端点来请求数据。由于所有请求都被聚合在了一个接口中，这样一来对这个接口的流量判断是极其困难的。而通过 Serverless 来实现这个接口，开发者将无须为此担忧。这是唯一一种可以将 Serverless 与 GraphQL 结合的方式，这在一定程度上能够降低 GraphQL 的运维成本。

4.5 NoBackend

NoBackend 这个概念最早在 2013 年出现。它提出了一个十分吸引人的观点，即构建一个产品，无须后端。其核心理念是让构建应用的过程变得简单。比如当我们希望实现一款应用时，我们不得不考虑如何选择后端架构，包括用什么样的技术、哪个数据库。在构建的过程中，产品设计会受到后端架构的限制。而作为一款产品，我们希望从用户的角度来看待它，我们应该关注的是用户体验和交互设计，并没有人关心它的内部是怎么工作的。所以，NoBackend 希望以前端驱动的设计过程来实现一个产品的构建。

这个概念其实和“大中台，小前台”的理念十分相似，通过将大量的服务端业务抽象为通用能力，不同产品线，统一由中台提供基础能力，从而实现在前台产品构建的过程中只需要关注产品自身的功能，而不受后端技术的制约。

随着 NoBackend 思想的不断发展，其逐渐地演化成了当今的 BaaS（Backend as a Service）的核心理念。NoBackend 更像一种口号和理念，而 BaaS 则是这一理念的践行者。

前端提出了 NoBackend 理念，而后端则通过 BaaS 实现这一诉求。基于 Serverless 架构，前端研发人员具备了理想的应用研发环境。因此，前端研发人员的诉求已经得到满足，似乎 NoBackend 这一口号变得不再重要了。近年来，已经很少有人再提及 NoBackend 这一名词，它已经随着 Serverless 的普及而退出了历史的舞台，但我们应该知道，它是 Serverless 理念的“先驱”和“践行者”。

与 BaaS 相关的更多内容，我们将在后续章节中详细介绍。

本章小结

本章介绍了多个与 Serverless 相关的前端技术。通过对本章的学习，我们知道了如何从 BFF 迁移到 Serverless 架构，了解了云计算供应商 Serverless 服务为什么都采用 Node.js 语言作为其最初所支持的语言，同时还知道了 TypeScript 和 GraphQL 在 Serverless 中的应用场景和局限性。最后，本章还介绍了 BaaS 的“前身”——NoBackend 的历史意义。

第 2 部分

FaaS 技术

第 5 章 理解FaaS

我们将在本章介绍 FaaS 的基本特性以及它的优缺点，希望能通过对本章的介绍，让读者对 FaaS 的适用范围有一个全面认识。

5.1 FaaS 的特性

关于什么是 FaaS 以及它的定义在第 1 章中已经做了介绍。在此可以简单地认为，FaaS 本质上会提供一种在服务端运行函数的能力，而这种函数可以由 JavaScript、Python、Go 等语言所编写。本节将对函数的特性进行更进一步的讨论。

5.1.1 函数由事件驱动

实际上，事件驱动（Event-driven）是一种程序的设计模型。这种模型的程序运行流程需要由用户的动作（比如鼠标的点击或键盘的输入）或者由其他程序的消息来触发。这一概念对前端研发人员来说并不陌生，因为 JavaScript 的运行环境就是基于事件驱动的理念进行设计和实现的。它通过一个内置的事件循环机制，不断地检查当前要处理的消息，再根据要处理的消息触发对应的处理函数。另外，我们最常用于部署 Web 服务器（Web Server）的开源软件 Nginx，则是事件驱动的代表。

在图 5-1 中，FaaS 函数同样也是通过事件进行驱动的，我们需要通过定义一种事件源（Event Source）来调用对应的函数。我们将这种事件源的定义称为触发器（Trigger）。FaaS 内部的控制器（FaaS Controller）将监听这一事件。当事件被触发时，它将分配必要的资源并启动函数的运行环境实例，最后调用对应的函数并返回结果。

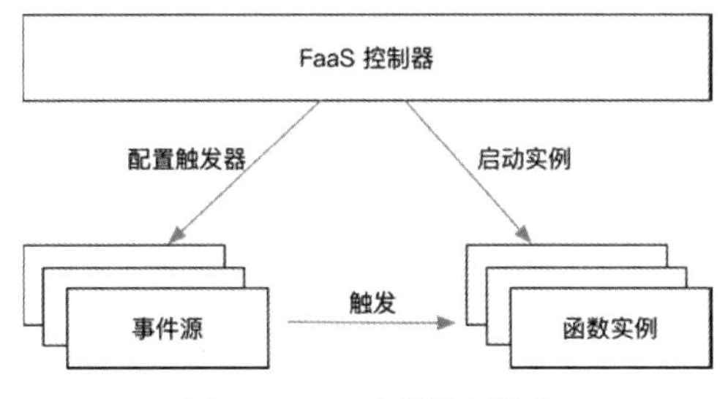

图 5-1　FaaS 事件处理模型

因此，我们除编写函数外，还需要针对函数配置一个对应的触发器，这样才能让函数可被调用。目前使用最广泛的触发器是 HTTP 触发器，它通过域名绑定、路径配置等功能，提供了基于 HTTP 协议来触发函数的能力；这就是 Web API。关于触发器的更多内容，我们将在第 6 章中详细介绍。

5.1.2　无状态的函数

无状态，是针对所提供的计算服务来讲的，它指的是一种把每个请求都作为与之前任何请求无关的独立请求进行处理的服务。这使得对应的服务设计起来更简单，因为计算服务无须维持会话的上下文，所以当客户端与服务端之间断开链接时，系统也无须清理与服务器相关的状态。

最典型的无状态服务，是基于 HTTP 实现的 Web API。客户端（浏览器）通过 URL 将请求发送到指定的服务端，应用服务根据请求内容完成相应处理后返回，即完成了一次服务。在这次服务中，如果服务端需要客户端的信息（如用户的身份信息），则由客户端通过 Cookie 等方式，连同请求信息一同发送至服务端。服务器通过这些内容将信息解析出来。这样一来，无状态的服务端可以让客户端无须保证每次请求的都是相同的服务器，这使得服务器的集群部署能够更容易地实现。

在 FaaS 中，函数的无状态与 HTTP 提供的 Web API 十分相似，函数自身也不会保存上下文信息。如果在函数中需要鉴定用户的身份，则需要通过调用其他第三方服务来实现。

5.1.3　函数应当足够简单

正如我们在第 4 章中所提到的，FaaS 底层基于云计算的弹性伸缩能力，可以实现自动的扩容/缩容。也就是说，若一段时间函数没有被触发，则将自动地减少函数的实例；而当请求到来后，再立即启动函数的实例并执行。

在此基础上，FaaS 实现了按用量计费，即按函数的执行时长来收费。如此一来，如果实现的函数需要较长的时间执行，则相应的费用也会上升。我们并不建议在 FaaS 中处理一些复杂的长时间的计算任务，因为这将失去 FaaS 的优势。我们应该尽量将函数切割得足够小，并通过多个函数的灵活组合来满足需求。

因此，我们应当保持一个函数足够轻量，并且能够快速执行且快速返回，以使得其占用的资源最小化。如果中途有复杂的计算需要处理，我们应当尽量使用第三方服务异步完成。关于第三方服务的选择和应用，我们将在有关 BaaS 的章节进一步介绍。

5.2 FaaS 的优点

我们在第 2 章中已经对 FaaS 的优势进行了初步的介绍，讲解了它与传统的虚拟化技术之间的差异。本节将基于已知的内容，详细分析 FaaS 的优点，以及思考这些优点所带来的价值和意义。

5.2.1 更高的研发效率

在传统的研发过程中，我们需要完成两部分的工作，即业务实现和技术架构，实际上它们背后分别代表了需求的目标以及达到这一目标的方式。

在实际的产品研发中，我们常常没有对它们进行明确的区分，而是混为一体同步进行的。为了更好地理解这两者的区别，我们举一个生活中的实际例子。

春运是许多国人几乎每年都会参与的人类迁移活动。在春运期间，如果我们乘火车回家，则在以前需要前往火车站排队购票。这可能花费我们将近一天的时间。但现在，我们只需要通过手机 App，打开 12306 购票网站，几分钟操作即可实现网上购票。通过互联网购票大大降低我们的时间成本。对于购买车票这件事来说，我们的目的是购得火车票，采用的方式则是排队或者网购等。

在软件开发过程中的情况其实是类似的。假设我们正在实现商城的下单功能，那么当用户下单后会发生什么情况呢？用户下单后，我们需要生成用户的订单数据，通知仓库准备发货，并将当前商品的库存减去订单对应的购买数量。这时候，作为技术手段，我们可能选用 MySQL 来保存用户的订单数据；同时为了提高服务的响应效率，再通过 RabbitMQ 异步地发送消息给仓储系统；另外，为了防止高并发导致的超卖问题，我们可能还会增加 Redis 来作为商品库存的计数器。这里技术上选用的无论是 MySQL、RabbitMQ 还是 Redis，实际上都是达到正确实现下单功能的手段。

在此可以看出，生成订单、通知仓库和减少库存是业务代码，而保存数据、发送消息、修改缓存，则是相应的技术代码。我们在大多数的编码过程中，往往需要业务代码和技术代码相互交织才能实现一个功能。比如我们需要选择合适的数据库并部署这个数据库，搭建合适的应用框架并使这个应用框架能在服务器中良好地运行。

与 IaaS 和 PaaS 相比，FaaS 不仅给用户提供了函数的运行环境，同时在应用层面也明确了函数的调度方式。如果是 Node.js 研发人员，则无须考虑应用框架选用 Express、Koa 还是 Egg.js，只需要直接编写业务代码即可。这种方式使得研发人员只需要聚焦于业务函数，而函数下层与技术相关的能力则由云计算供应商基础设施完成。

因此，研发人员可以将更多的时间投入业务开发中，而无须关注函数的应用框架、调度方式、可用性、稳定性、负载能力等，这将有效地提高其研发效率。

5.2.2 更低的部署成本

除了研发人员研发效率的提升，更低的部署成本也是 FaaS 的主要优点。

在 FaaS 出现之前，当我们完成了一个 Node.js 应用程序的编写时，在部署该应用程序时通常有两种比较主流的方式。

第一种是比较传统的方式，即在虚拟机中进行部署。我们通常需要先在云计算供应商处购买一台虚拟机，选择安装对应的操作系统。然后通过 SSH 连接到服务器中，安装并配置软件的运行环境（如 Node.js、NPM、Nginx、PM2 等）。完成后，将应用程序的构建产物上传至服务器。最后启动服务，完成部署。通常一台机器的部署需要 1 小时以上；如果涉及集群部署，则将可能花费一天甚至更多的时间。

第二种方式则是采用当今流行的容器化技术，通过容器化编排系统来管理这些容器。假设我们已经有了一个可用的容器化编排系统（如 Kubernetes），则只需编写一个 Dockfile ，先指定它的基础镜像，再描述如何安装依赖、获取源码、构建并启动应用，然后基于这个 Dockfile，通过编排系统启动它的实例容器，以完成应用的部署。对于第一次使用容器化技术的研发人员来说，编写 Dockfile 并不是一个友好的体验。我们需要从海量的官方镜像仓库中选取合适的镜像，并熟悉一系列指令才能完成该编写工作。

而 FaaS 的诞生，则将上面这两种烦琐的部署方式变成了历史。在 FaaS 场景下，开发者完成函数的编写之后，只需要通过 Web 控制台或简单的命令行工具，即可完成函数的部署。由于函数通过虚拟的分组来进行组织，因此我们可以在不同的分组下配置不同的权限，方便函数的隔离。最后，通过云计算供应商提供的 FaaS 监控平台，能够比之前更方便地查看服务的可用性等状态，减少不必要的监控体系建设工作。

5.2.3 更低的运维成本

得益于 Serverless 的弹性伸缩能力，我们无须随时关注服务器的负载情况，并进行手动的扩容或者缩容。不仅如此，那些为了保障应用可用性的工作几乎均可省去，包括针对服务的压测工作、针对系统监控的报警能力建设等（在 FaaS 场景中它们都是不必要的）。另外，由于无须维护具体的系统，因此我们还省去了管理服务器密钥、给服务器更新安全补丁等事务性工作。Serverless 对开发者来说，根本没有服务器的概念，甚至无须知道服务器具体部署在哪里。

对于有运维团队的公司来说，Serverless 的推广可能导致这一团队的定位发生改变。由于已经没有了需要运维的内容，因此运维团队要么直接被取消，要么被合并至开发团队。实际上，这种转变并不是从 Serverless 才开始的，而是从云计算的大规模应用开始的，研发人员逐渐从单纯的应用开发向 DevOps 转变；而 Serverless 则通过完全屏蔽服务器的方式，使这一转变的过程更加彻底。

5.2.4 更低的学习成本

随着云计算的成熟度不断提高，研发成本必然将呈现出逐步下降的趋势。从传统的服务器托管到 IaaS，开发者不用关注物理机；从 IaaS 到 PaaS，开发者不用关注操作系统以及数据库、消息服务等之类的基础软件；而现在，从 PaaS 到 FaaS，开发者甚至无须关注容器化技术、服务器应用，只需要编写业务代码即可。

我们不再需要了解 OpenSUSE、CentOS 等不同操作系统之间的细微差别，也无须知道操作系统中各种底层依赖软件的安全更新到底更新了什么内容、我们应该选择在什么时机更新；我们无须在不同的应用框架之间纠结，也不用担心它们会随着时间的流逝而过时。就像驾驶员无须了解发动机原理、摄影师无须学习光学原理一样，我们直接通过 FaaS 即可完成业务函数的开发。

通过 FaaS 的应用，我们无须投入太多的学习成本，就能大幅提升自己的研发效率。

5.2.5 更低的服务器费用

无论是基于虚拟机技术还是基于容器化技术部署应用，研发人员都需要事先在云计算供应商处申请相应的服务器资源，而自从服务器资源申请完成的那一刻起，就已开始产生费用了。该费用通常是按租用时间，以天或小时为单位来计算的；也就是说，无论该服务器是否已部署我们的应用，是否有用户请求我们的服务，该费用都不会发生改变。

而 FaaS 则基于弹性伸缩的能力，采用了按函数调用量和函数执行时间的方式进行计费。

我们以 Amazon AWS 为例，在 AWS Lambda 中，512MB 的容器每 100ms 的调用费用是 0.000000834 美元，而 AWS EC2 中 512MB 配置的服务器（t3.nano）费用是每小时 0.0052 美元。我们假设一个请求需要执行 100ms，那么需要每小时执行 6000 次，每天 14 万次以上的函数调用量，才能达到和使用 EC2 同等的费用。

从图 5-2 中可以看出，随着一天中不同时段在线用户数量的不同，服务的请求量也将随之变化，最终其所需的计算资源将随时间不同而有所波动。虚拟机包时段固定价格计费模式的费用，与 FaaS 按需计费比起来，会高出不少。因此，对于那些波动较剧烈的服务，我们使用 FaaS 能节省较多的费用。

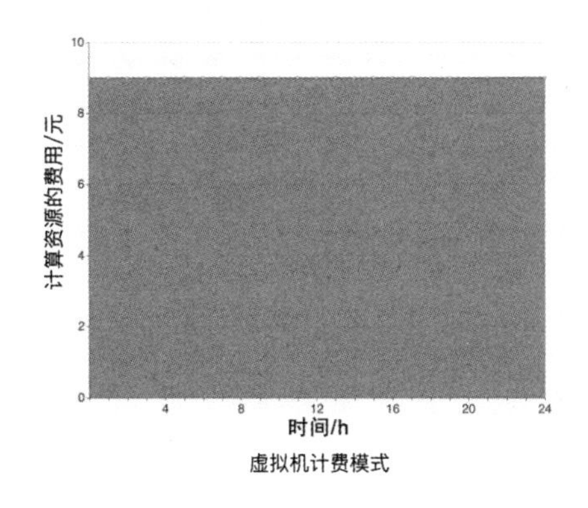

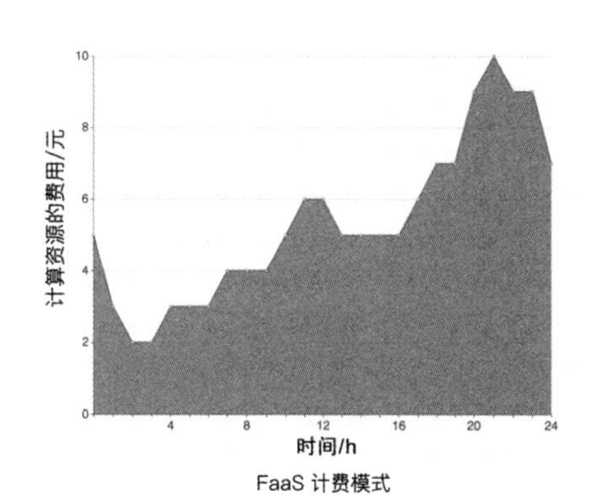

图 5-2 不同云计算产品计费模式的对比

除此之外，各大云计算供应商为了推广 Serverless，无一例外都提供了优惠政策。我们仍然以 Amazon AWS 为例。目前 Amazon Lambda 每月前 100 万次调用是永久性免费的，这使得初创企业或个人开发者的项目，在初始启动阶段的服务器费用降低至几乎为零。

不仅是初创企业，实际上我们多数企业的线上服务，在大多数时间也处于一种较低负载的情况。因此，本质上这些计算资源长期处于闲置状态，浪费了大量的计算资源。而 FaaS 通过按需启动实例的方式，使得这些计算资源在云计算供应商内部可以更灵活地调配。对于云计算供应商，他们可以将资源以更细粒度的方式提供给客户，因此这些计算资源更易于售卖；而对于使用计算资源的企业，可以以更低的成本使用相同的计算资源；从社会环境的角度来看，由于减少了闲置资源，因此其对降低温室气体的排放也是有利的。这种多方获利的方式才真正是云计算的价值所在。

5.2.6 更灵活的部署方案

有了 FaaS 之后，我们无须关心如何进行集群部署，通过一个发布按钮即可完成部署操作。同时，因为部署的最小粒度从以往的应用变为了函数，所以研发人员对部署和变更能够进行更细致的控制。

在之前基于应用的研发模式下，我们常常需要部署多套环境，以解决开发阶段中的协作问题。比如，用于开发的日常环境、用于整体测试的测试环境以及最终线上提供服务的生产环境。不仅如此，如果我们还希望在生产环境中提供灰度发布的能力，则往往需要通过集群分批发布并打标的方式实现。

在 FaaS 场景之下，这些环境的准备将变得十分简单。

由于每个函数都是独立进行发布和控制的，并且新的函数发布将启动一个新的实例而不是覆盖上一个版本的实例，因此它并不会影响原函数的功能。这样一来，实现多套环境以及灰度切流的能力，就比较容易了。我们拿灰度切流举例，研发人员在发布一个新版本函数后，只需要通过函数的入口配置，将一部分流量配置到新发布的函数中，即可实现单个函数的灰度能力，控制十分灵活。如果灰度效果不错，则只需要将所有的流量都指定到新函数中；而原函数因为没有流量，因此将自动缩容回收。函数回滚能力的实现也比应用更加轻量。当新版本的函数出现 bug 后，只需要简单地修改配置，即可将所有流量指向原函数，实现快速回滚。这种秒级的故障恢复能力，对于每一个产品来说，都是梦寐以求的。

5.2.7 更高的系统安全性

Serverless 的兴起，不仅从根本上彻底改变了服务器的运维方式，而且还一并解决了长期存在的服务器安全性的问题。

在这之前，无论是 DevOps 还是专职运维团队，在服务发布、部署后，需要排查线上问题时，通常都需要通过终端用 SSH 的方式登录到服务器上完成相应的操作。而 SSH 需要用到相应的账户名、密码以及密钥等数据。大多数时候这些数据都以明文的方式保存在相关人员的计算机中。这给服务器埋下了不小的安全隐患，我们已经不止一次地看到因为服务器的登录密钥泄露而导致服务器被恶意入侵的事件，这种事件最终会给公司带来惨重的损失，甚至是毁灭性的打击。

采用 FaaS 的研发方式，这一问题将不复存在。因为在 Serverless 中，已经没有服务器的概念，所以研发人员或运维人员自然而然地无须登录到服务器。即使我们希望登录到函数所部署的服务器上，目前各大云计算供应商也是无法实现的。这就好比之前 SSH 的账号、密码和密钥是一把钥匙，用来开启进入服务器的大门，我们需要保管好我们的钥匙，不被他人窃取并恶意使用，从而保障服务器的安全。而现在，服务器取消了这个大门，连我们自己也无法登录服务器，攻击者就更是无从下手了，从而更好地保障了服务器的安全。

5.3 FaaS 的缺点

一种新的技术或框架之所以能够流行，必定是其解决了以前技术或框架没有解决的问题，但其往往又会带来新的问题。在这一点上，FaaS 也不例外。除了我们上面提到的种种优点，FaaS 同样也有自己的弊端和短板。由于 FaaS 是一项全新的理念，整体成熟度不高，因此它的缺点主要集中在一些基础设施的不完善方面。

5.3.1 存在平台学习成本

由于 FaaS 是一种全新的架构，因此其缺乏文档、示例、工具以及最佳实践。同时，不同云计算供应商在平台功能上的实现不同，这也增加了研发人员的学习成本。

我们不得不学习如何操作云计算供应商的 FaaS 平台：如何创建、编写、调试、部署和监控函数，如何使用命令行工具；除此之外，我们还需要了解 FaaS 的计费方式，以免出现意料之外的支出。由于缺乏统一标准，因此不同云计算供应商的实现并不相同。

值得高兴的是，Serverless Framework 开源项目（将在后续章节介绍）的兴起，能大幅缓解不同平台的差异性问题。Serverless Framework 提供了一套标准化研发和运维函数的定义，再由不同的云计算供应商提供对应的实现，从而抹平了不同云计算供应商之间的差异。因此，这一缺陷得以弥补。不过对于开发者来说，仍然需要了解 Serverless Framework 中的概念。

5.3.2 较高的调试成本

在传统的研发模式中，在服务编写完成之后，就可以开始进行本地调试了，这是因为在本地计算机中，安装了该服务所需要的运行环境（比如基于 Java 编写的服务安装了 JVM，基于 JavaScript 的服务安装了 Node.js）。而函数的运行环境却是直接封装在云计算供应商提供的容器中的，并不能简单地像 Java 虚拟机（JVM）或 Node.js 一样进行本地安装，这导致了在本地调试的困难。

我们无法在本地直接运行这个函数，如果研发人员希望调试他所编写的函数，该怎么办呢？目前有两种主流的做法。

最简单的方式是，把函数发布到线上运行，通过 Web 控制台或者命令行远程调用，再观察其输出的日志。这样一来，我们每次调试函数实际上都相当于完成了一次部署；不过好在函数部署一次所花的时间通常只有数秒，因此研发人员并不会明显地感到函数调用的缓慢。因此，这种远程调试的方式除稍显烦琐外，是一种可被人接受的方式。

而另一种方式是，在本地安装容器的运行环境（通常是 Docker）。这样，我们给在本地部署函数的运行环境提供了条件。将函数部署在本机的容器中运行，再用命令行部署和触发函数的方式，从而实现本地调试。

上面这两种方式，与以前在本地安装一个开发环境就能直接运行服务比起来，无论采用哪一种方式，都显得较为不便。因此，如何能够更加便利地调试函数，是目前云计算供应商所需要解决的一个问题。目前，部分云计算供应商已支持远程断点调试的能力，这可在一定程度上降低调试成本。但通常我更建议研发人员采用日志输出的方式来进行调试；因为当服务发布到了正式环境后，我们仍然能通过开关的方式快速地开启线上的日志输出，实现问题的快速定位。而断点调试在线上几乎是不可能完成的，我们仍然需要编写一些打点日志。既然如此，为什么我们不在开发阶段就将这些打点日志编写完，以辅助自己进行调试呢？

5.3.3 潜在的性能问题

由于 FaaS 的弹性扩容/缩容特性，因此服务在持续的长时间没有调用后，会将函数的实例个数自动缩容至 0 个。若这时有新的请求，则会立即启动容器并部署函数后再执行该函数。这个从 0 到 1 的实例启动过程被称为函数的冷启动。不同语言由于运行环境不同，因此冷启动的时间各不相同，通常需要 10 ms 至 5s 不等。

由于前端研发人员最常使用的 Node.js 基于脚本语言，不需要像 Java 一样的 Java 虚拟机，因此其具备先天优势。和 Java 虚拟机需要 2～3s 的启动时间不同，Node.js 容器的冷启动时间一般只需要几十毫秒。即使只有几十毫秒，对于一些响应时间较为敏感的应用也已经是一个难以接受的时间了。比如在 Web 场景下，对于没有耐心的用户，即使是 10ms，也可能显得太长。Amazon 曾对网页加载时间与访客流失率的相关性进行过分析。在其报告中称，加载时间每增加 100ms，Amazon 的销售额就会减少 1%。由此可见响应速度的重要性。

目前，为了解决冷启动问题，部分云计算供应商已提供了一种“保留实例”的特性。它指的是，即使在长时间没有请求的情况下，函数的实例个数也不会缩容到 0 个，而是缩容到研发人员指定的实例个数。在此可以看出，这需要研发人员支付因保留实例所产生的费用。通过这种折中的方式，可以让研发人员自行选择让那些对响应时间最敏感的函数保留需要的实例，以避免第一次访问时的性能损失。“保留实例”对于那些冷启动时间较长的语言来说，具有更大的价值。

5.3.4 供应商锁定问题

容器化技术的普及，可以说完全依靠 Docker 与 Kubenates 两大开源项目。各大云计算供应商基于它们提供了对应的服务和计算资源。由于 Docker 和 Kubenates 均是标准化项目，因此不同的云计算供应商基于它们所提供的服务并没有太大差异，我们可以十分容易地将自己的 Docker 实例从一个云计算供应商中迁移到另一个云计算供应商的服务中。

然而，FaaS 在这一点上却没那么容易。FaaS 的流行是由于 Amazon AWS Lambda 的推广，随后各大云计算供应商也上线了类似产品。由于 FaaS 属于新型云计算服务模式，在此期间在实现方式上各个云计算供应商并没有统一的标准可供参考，因此，各大云计算供应商出现了略有不同的实现。

由于函数的输入/输出标准定义不同，运行环境的能力不同，甚至连发布、部署的模式也不尽相同，这些差异导致我们迁移时需要对每个函数进行调整。这对于大型项目来说是一笔不小的开销。对于这种无法轻易从一个供应商迁移到另一个供应商的场景，我们将它称为“供应商锁定”问题（Vendor lock-in）。供应商锁定是软件工程中的一种“反模式”，它的危害是什么呢？供应商锁定的问题在于，当我们选择一家云计算供应商提供的服务后，如果将来这家供应商的服务质量降低了，或者无法提供我们所需要的新的关键能力了，甚至是这家供应商关闭或涨价了，这时候我们就会发现自己已经无法进行迁移了。

不过，前面已经提到，云原生基金会已经开始进行 Serverless 标准化的工作；同时，Serverless Framework 也在各国工具层面实现了统一。相信在不久的将来，不同云计算供应商的 FaaS 平台将不会有现在这么显著的差异，并最终会像容器化技术一样，实现让开发者可以低成本地进行迁移。

本章小结

本章介绍了 FaaS 的基本概念，包括函数的事件驱动、无状态特性等。通过分析这些特性，推导出了 FaaS 技术的优缺点，基于这些优缺点，我们能更容易地知道自己应该在什么场景下应用 FaaS。

在第 6 章，我们将正式开始 FaaS 的实践之旅。我们会以阿里云函数计算为例，介绍如何在云计算供应商提供的 FaaS 平台上创建并发布一个函数。

第 6 章 第一个函数

在本章中，我们将通过创建一个简单的 HelloWorld 函数，让读者实际感受如何使用 FaaS 来完成一个服务。自行搭建 FaaS 平台较为复杂（关于如果自行搭建 FaaS，我们将在后续章节进行介绍），为了方便示意，本章将基于由阿里云平台提供的函数计算（Function Compute）产品来实现该函数。

我们将通过 3 种不同的方式创建一个函数，它们分别是云计算供应商控制台、官方命令行工具以及第三方开源工具 Serverless Framework，同时我们将介绍创建一个函数会有多种方式的原因，以及它们的优缺点对比。

6.1 从控制台创建

本节将介绍如何通过阿里云平台函数计算提供的 Web 控制台来创建一个函数。

注：由于各大云计算供应商的控制台在不断迭代，因此，可能因平台能力升级而导致本节中的函数创建流程与读者实际访问页面时略有区别。不过不必担心，FaaS 的整体流程和功能不会有太大变化。若出现与本书中内容不一致的情况，请读者找到页面中相应的功能，执行相关操作即可。

6.1.1 开通产品

在创建函数前，我们需要先拥有一个阿里云平台的开发者账号。如果读者还没有该账号，则可以访问阿里云首页（参见链接 2），点击右上角的“免费注册”按钮，根据引导提示，填入相关资料，即可完成账号的注册。

注册完成后，打开阿里云函数计算产品的首页（参见链接 3），点击“免费开通”按钮，根据提示，即可完成函数计算产品的开通。

6.1.2 创建一个函数

在注册账号并开通产品后，我们即可进入控制台（参见链接 4），开始创建函数。

点击控制台左侧导航栏中的“服务-函数”菜单，进入“函数列表”，这时候可以看到我们的函数列表为空，之后点击“新建函数”按钮。

进入创建函数流程，如图 6-1 所示，在此有不同的函数类型和模板可供选择。“事件函数”是最基础的函数；“HTTP 函数”则是默认绑定了 HTTP 触发器的函数，方便我们直接通过 HTTP 的方式进行调用；“模板函数”则是附带完整示例的函数。我们选择最简单的“事件函数”，并点击“下一步”按钮进入“配置函数”流程。

图 6-1 创建函数

在“配置函数”页面中，需要填写函数的基本信息，其中“所在服务”指的是管理多个函数的一种分组方式。在同一个“服务”下面的函数组，将共享部分函数的基础配置，如日志配置、权限配置等。“服务”的概念类似于“应用”，它是一系列接口（函数）的集合。如图 6-2 所示，依次设置函数名称、运行环境、函数入口等信息。阿里云函数计算支持 Node.js、Python、

Java 等不同语言的多个版本，这里我们选择 “nodejs12” 选项。

随后，点击“完成”按钮进入函数编辑页面。

图 6-2　配置函数

平台提供了多种方式来进行函数的编写工作，包括在线编辑、OSS 上传、代码包上传以及文件夹上传。这里我们使用默认的“在线编辑”方式，即通过在线编辑器修改函数。我们可以看到，平台已经为我们生成了最基本的函数示例代码，内容如下：

```
'use strict';

/*
if you open the initializer feature, please implement the initializer function,
as below:
module.exports.initializer = function(context, callback) {
  console.log('initializing');
  callback(null, '');
};
*/

module.exports.handler = function(event, context, callback) {
  console.log('hello world');
  callback(null, 'hello world');
}
```

在此，我们直接使用示例代码。

6.1.3 调用函数

配置完成后，我们点击页面中的“执行”按钮，即可运行该函数。等待数秒后，可在页面的“Execution Results”区块中，看到函数的返回结果“hello world”，并得到如下辅助信息，即表示函数调用成功：

```
Response
hello world

Function Logs
FC Invoke Start RequestId: 7f950ce4-86ea-478d-943d-7244299e86ea
2019-10-20T07:35:26.727Z 7f950ce4-86ea-478d-943d-7244299e86ea [verbose] hello
world
FC Invoke End RequestId: 7f950ce4-86ea-478d-943d-7244299e86ea

Duration: 1.69 ms, Billed Duration: 100 ms, Memory Size: 512 MB, Max Memory Used:
18.95 MB

Request ID
7f950ce4-86ea-478d-943d-7244299e86ea
```

至此，我们已经完成了一个最简单函数的创建及调用流程，整个过程只需 1～3 分钟。

但在实际的实践中却没有这么简单。除编写和调试函数外，我们还需要对函数配置相应的触发器，并将函数发布至线上环境，以便于该函数能够被客户端所调用。同时，我们还需要进行一系列的相关权限配置，以保障函数的安全性和稳定性。我们将在后续的章节中介绍这些内容。下面，让我们再看一下另一种函数创建方式。

6.2 基于命令行工具

在真实的项目中，出于追求更高研发效率的考虑，我们不会通过控制台来编写、调试和发布函数。因此，为了更高效地完成函数的研发工作，阿里云提供了一套命令行工具（CLI），让我们能够在终端中完成上述操作。

6.2.1 安装命令行工具

命令行工具基于 Node.js 开发，托管于 NPM（Node Package Manager，Node.js 软件包管理器）。输入以下命令，即可完成命令行工具的安装：

```
$ npm install @alicloud/fun -g
```

注：如果你还没有安装 Node.js，则可以到其官网（参见链接 5）下载相应的安装包，之后进行安装。Node.js 作为前端研发人员的必备利器，我们应该熟练掌握。

6.2.2 身份认证配置

命令行工具安装完成后，还需要对其进行配置。为了能够让命令有权限操作我们阿里云账号下的数据，需要提供身份认证信息。在阿里云中，身份认证是通过 AccessKey 实现的。因此，我们需要在控制台中针对自己的账号创建一个 AccessKey。

打开阿里云控制台的任意页面，将鼠标指针移至页面右上方的账号头像图标处，我们将看到账号设置菜单，如图 6-3 所示。在该菜单中点击“AccessKey 管理”按钮，即可进入 AccessKey 的维护页面。

图 6-3　管理账号的 AccessKey

随后，根据提示创建一个 AccessKey，我们将得到对应的 AccessKey ID 和 AccessKey Secret。

注：使用主账号创建 AccessKey 可能带来严重的安全隐患；因为通过该账号生成的 AccessKey，具有对整个账号的完全控制权限，比如对任意产品和功能的开通和注销。因此，在生产环境中强烈建议使用云计算供应商提供的子账号系统级权限控制系统进行授权。在阿里云中，对应的权限控制系统是 RAM（Resource Access Management，资源控制系统）。

在 AccessKey 创建完成后，我们还需要获取阿里云账号 ID。在阿里云控制台任意页面的右上方账号设置菜单中，点击“安全设置”按钮进入相应的页面，如图 6-4 所示，我们可以看到阿里云账号 ID 的相关信息。

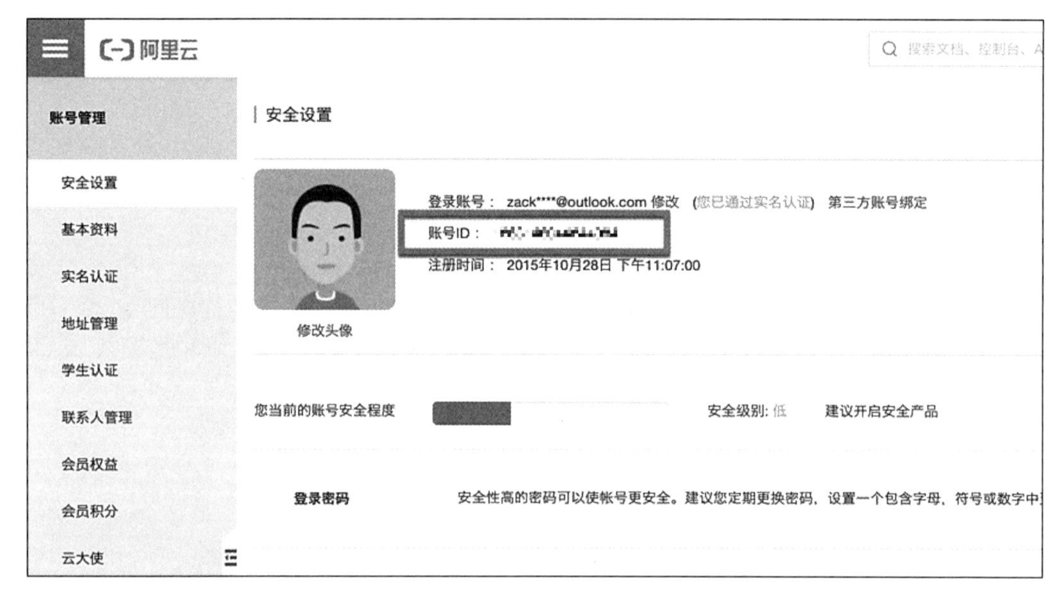

图 6-4 查询阿里云账号 ID

最后，我们在终端中输入“fun config”，并根据提示依次输入阿里云账号 ID、AccessKey ID、AccessKey Secret，之后根据提示进行操作，其他信息保持为默认状态，即可完成配置。具体内容如下所示：

```
$ fun config
? Aliyun Account ID <阿里云账号 ID>
? Aliyun Access Key ID <AccessKey ID>
? Aliyun Access Key Secret <AccessKey Secret>
? Default region name cn-shanghai
? The timeout in seconds for each SDK client invoking 10
? The maximum number of retries for each SDK client 3
? Allow to anonymously report usage statistics to improve the tool over time?
No
```

6.2.3 初始化 FaaS 项目

命令行工具安装完成后，通过以下命令创建一个测试目录，并通过 fun init 实现项目的初始化。如下所示，根据命令行提示，选择 event-nodejs12，即可在测试目录中初始化一个 FaaS 项目：

```
$ mkdir fn-create-by-cli
$ cd fn-create-by-cli
$ fun init

? Select a template to init event-nodejs12
Start rendering template...
+ /Users/Zack/fn-create-by-cli
+ /Users/Zack/fn-create-by-cli/.funignore
+ /Users/Zack/fn-create-by-cli/index.js
+ /Users/Zack/fn-create-by-cli/template.yml
finish rendering template.
```

这样，我们的项目就创建完成了。命令行工具将生成对应的模板代码，包括函数文件 index.js，以及当使用上传命令时所需要忽略的本地文件配置信息.funignore 和存储函数的相关配置信息 template.yml。

下面通过命令 cat index.js 查看生成的模板函数，它与通过控制台创建的函数模板一致：

```
$ cat index.js

/*
if you open the initializer feature, please implement the initializer function,
as below:
module.exports.initializer = function(context, callback) {
  console.log('initializing');
  callback(null, '');
};
*/

module.exports.handler = function(event, context, callback) {
  console.log('hello world');
  callback(null, 'hello world');
};
```

6.2.4　本地调试

项目初始化完成后，我们就可以调试函数了。

如果要实现函数的本地调试，就需要安装 Docker 来提供函数镜像的运行环境。

关于 Docker 的安装这里不再赘述，读者可以直接通过 Docker 官网（参见链接 6），根据文档的介绍进行安装。需要说明的是，如果只是进行项目的调试，则建议读者安装 Docker Desktop 版本。该版本提供了一个简单的 GUI，可以让我们方便地对 Docker 进行配置和管理。

我们这里以 macOS 为例。安装完成后，启动 Docker Desktop 应用。如图 6-5 所示，可以在任务栏中看到对应的 Docker 图标，点击该图标，在展开的下拉菜单中显示“Docker Desktop is running”，这就表示 Docker 服务成功启动。

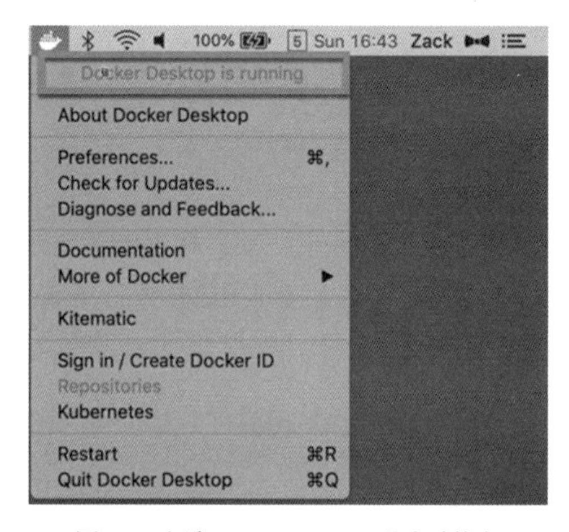

图 6-5　查看 Docker Desktop 的启动状态

Docker 安装并启动后，我们即可使用以下命令实现函数的本地调试。需要注意的是，第一次运行需要从网络上下载函数运行环境的镜像文件（Docker Image），因此可能需要较长时间：

```
$ fun local invoke fn-create-by-cli2

using template: template.yml
begin pulling image
registry.cn-beijing.aliyuncs.com/aliyunfc/runtime-nodejs10:1.9.5, you can
also use 'docker pull
registry.cn-beijing.aliyuncs.com/aliyunfc/runtime-nodejs10:1.9.5' to pull
image by yourself.
1.9.5: Pulling from aliyunfc/runtime-nodejs10
db0035920883: Pull complete
a9ebd83b4a47: Pull complete
...
c3dfcc81df35: Pull complete
acd13a2078e1: Pull complete
Digest:
```

```
sha256:af6017d1b514a8cd1b72edd369664b645bb62b886c3b28dc1580c83b7b2d88a3
Status: Downloaded newer image for
registry.cn-beijing.aliyuncs.com/aliyunfc/runtime-nodejs10:1.9.5
FC Invoke Start RequestId: 9680136e-4644-490a-bbcf-b5d7d4c51095
load code for handler:index.handler
2020-07-05T08:32:13.654Z 9680136e-4644-490a-bbcf-b5d7d4c51095 [verbose] hello
world
FC Invoke End RequestId: 9680136e-4644-490a-bbcf-b5d7d4c51095
hello world

RequestId: 9680136e-4644-490a-bbcf-b5d7d4c51095     Billed Duration: 41 ms
        Memory Size: 3947 MB      Max Memory Used: 17 MB
```

在真实的生产过程中，为了提高研发效率和降低错误率，我们可以进一步编写配套的脚手架工具，提供自动化测试的能力。我们可以在检测到函数发生变更后，自动构建并运行函数，之后将输出的结果与我们的期望结果进行对比。

6.2.5　发布项目

函数调试完成后，我们就可以发布了。

通过 fun deploy 命令可以快速地将本地函数上传至云端，并部署到服务器中：

```
$ fun deploy
using template: template.yml
using region: cn-shanghai
using accountId: ***********4084
using accessKeyId: ***********kBfR
using timeout: 10

Waiting for service test to be deployed...
        Waiting for function test to be deployed...
                Waiting for packaging function test code...
                The function test has been packaged. A total of 1 file files
were compressed and the final size was 302 B
        function test deploy success
service test deploy success
```

至此，我们就完成了函数的发布。登录到控制台中，可在函数列表页面看到新增的项目及其函数。在此可以看出，与控制台操作比起来，通过云计算供应商提供的命令行工具，可以更方便地编辑和发布函数。

6.3 Serverless Framework

虽然通过云计算供应商提供的控制台或命令行工具，可以快速地开发、部署函数，但却有一个问题：由于 FaaS 长久以来缺乏统一的标准，这导致不同的云计算供应商对它的实现不一致，因此其配套的控制台和命令行工具，甚至是调试、发布、监控等工具和流程，在不同的平台也具有不同的实现方式。

那么，如何解决供应商锁定的问题呢？

2015 年，一个名为 Serverless Framework 的项目在开源社区中出现，它的目标是成为 Serverless 应用的框架和生态系统，致力于简化开发、调试和部署 FaaS 应用程序。最初，Serverless Framework 仅支持 Amazon AWS Lambda。但随着自身的不断发展，除 Amazon AWS Lambda 外，其目前已支持 Microsoft Azure Functions、Google Cloud Functions、阿里云 Function Compute 及更多的 Serverless 产品。除此之外，它还支持如 Kubeless、Fission 等开源的 Serverless 解决方案。总之，Serverless Framework 提供了强大并且统一的体验来开发、部署、测试、维护和监控 Serverless 应用。

Serverless Framework 的出现，解决了不同云计算供应商 Serverless 平台能力参差不齐的问题，通过统一的平台可以管理不同的云计算供应商 Serverless 服务。同样，它也提供了不同平台的模板代码，这使得项目的开发可以快速启动。这可有效地降低开发者在 Serverless 应用构建及管理方面的成本。

下面将介绍第 3 种编写函数的方式：Serverless Framework。与其他云计算供应商类似，Serverless Framework 包括一个开源的命令行工具，以及一个配套的控制台。这里，我们将尝试通过其提供的命令行工具来完成函数的创建和发布。

6.3.1 初始化命令行工具

首先，我们需要将命令行工具安装到本地。执行以下命令，安装 Serverless Framework CLI：

```
$ npm install serverless --global
```

在使用 Serverless Framework 之前，我们需要登录 Serverless Framework 平台，执行以下命令即可打开登录页面。若还没有 Serverless Framework 平台账号，则可以通过关联 GitHub 账号的方式来创建：

```
$ serverless login

Serverless: Logging you in via your default browser...
If your browser does not open automatically, please open it &  open the URL below
to log in:
https://serverlessinc.auth0.com/authorize?<info>
Serverless: You sucessfully logged in to Serverless.
Serverless: Please run 'serverless' to configure your service
```

6.3.2 阿里云授权

由于这里通过 Serverless Framework CLI 来操作在阿里云函数计算中的数据，因此，除需要 Serverless Framework 平台账号外，我们还需要取得阿里云的授权信息。

这里，我们将继续沿用前面获取的阿里云账号 ID、AccessKey ID 和 AccessKey Secret。

在路径 ~/.aliyuncli 下，创建一个名为 credentials 的文件，并填写以下信息。之后，命令行工具在调用阿里云的相关服务时，会自动地使用这些信息：

```
[default]
aliyun_account_id = <阿里云账号 ID>
aliyun_access_key_id = <AccessKeyID>
aliyun_access_key_secret = <AccessKeySecret>
```

6.3.3 开通配套服务

由于 Serverless Framework 不仅仅可以管理函数，还能配置 FaaS 所需要的各项功能（比如配置函数的触发器、访问日志等），因此，除函数计算服务外，还需要在阿里云控制台中启用以下功能才能让 Serverless Framework CLI 正常工作：

◎ 访问控制（Resource Access Management）。

◎ 日志服务（Log Service）。

◎ API 网关（API Gateway）。

◎ 对象存储服务（Object Storage Service）。

需要通过阿里云控制台找到并开通以上功能后，再执行接下来的操作，否则可能因为未开通上述功能而导致命令执行失败。

6.3.4 创建项目

执行以下命令，即可完成项目的初始化，它将创建 aliyun-faas-demo 目录，然后从云端下载对应的模板代码：

```
$ serverless create --template aliyun-nodejs --path aliyun-faas-demo

Serverless: Generating boilerplate...
Serverless: Generating boilerplate in "/Users/Zack/aliyun-faas-demo"
 _______                             __
|   _   .-----.----.--.--.-----.----|  .-----.-----.-----.
|   |___|  -__|   _|  |  |  -__|   _|  |  -__|__ --|__ --|
|____   |_____|__|  \___/|_____|__| |__|_____|_____|_____|
|   |   |             The Serverless Application Framework
|       |                           serverless.com, v1.53.0
 -------'

Serverless: Successfully generated boilerplate for template: "aliyun-nodejs"
```

随后，我们进入项目目录，并安装需要的依赖：

```
$ cd aliyun-faas-demo
$ npm install
```

在此可以看到，我们的函数代码保存在 index.js 中，与通过阿里云函数计算官方提供的 CLI 所创建的项目并无区别。

6.3.5 发布和部署

在完成函数的编写后，就可以进行发布了。执行以下命令，即可进行部署：

```
$ serverless deploy

serverless deploy
Serverless: Packaging service...
Serverless: Excluding development dependencies...
Serverless: Compiling function "hello"...
Serverless: Finished Packaging.
...
Serverless: Deploying API sls_http_aliyun_faas_demo_dev_hello...
Serverless: Deployed API sls_http_aliyun_faas_demo_dev_hello
Serverless: GET
```

```
http://4ccb856cc934408a8ec7c631e1564292-cn-shanghai.alicloudapi.com/foo ->
aliyun-faas-demo-dev.aliyun-faas-demo-dev-hello
```

部署完成后访问阿里云函数计算控制台，看到新增了 aliyun-faas-demo 服务，并且已有一个函数 aliyun-faas-demo-dev-hello，即表示部署成功。同时，通过部署日志的最后可以看出，Serverless Framework 不仅帮助我们发布了函数，还绑定了 HTTP 触发器。

使用下面的命令，可以直接以 HTTP 的方式触发函数（URL 来自部署日志中的输出）：

```
$ curl
http://4ccb856cc934408a8ec7c631e1564292-cn-shanghai.alicloudapi.com/foo

{"message":"Hello!"}
```

6.3.6　远程调用

另外，通过 Serverless Framework CLI 还可以实现在终端中不通过触发器的方式来直接调用已发布的函数。这可以方便地对函数进行调试，确保发布的函数可以正常运行：

```
$ serverless invoke --function hello

Serverless: Invoking aliyun-faas-demo-dev-hello of aliyun-faas-demo-dev
Serverless: {"statusCode":200,"body":"{\"message\":\"Hello!\"}"}
```

本章小结

在本章中，我们通过 3 种不同的方式完成了一个 HelloWorld 函数的创建、调试和发布。

通过控制台来管理函数，让我们只需要有一个浏览器即可完成工作，但它无法管理超过一定数量的函数配置；而通过官方命令行工具，我们就可以选择自己习惯的终端和代码编辑器。

现在，相信读者对 FaaS 已经有了一个感性的认识，第 7 章将深入 FaaS 内部，介绍函数是如何从触发到执行的，以使读者对 FaaS 有一个更全面的了解。第 7 章将详细介绍函数执行后将经历的流程，以及这些流程内部是如何实现的。

第 7 章

函数的生命周期

前面学习了函数的创建、调试和发布，现在我们已经初步感受到了 FaaS 在服务端应用开发方面的便捷性。在接下来的两章（第 7 章和第 8 章）中，我们将深入 FaaS 内部，详细介绍一个函数的生命周期以及相关概念。

从研发的角度来看，我们可以将 FaaS 分为开发时态与运行时态两种状态。开发时态需要关注和处理的内容，除编写函数外，还包括函数的配置、函数的构建以及它的发布；而运行时态指的是函数发布上线后的调用链路，包括事件、触发器、网关、运行时等概念。

本章将重点介绍函数的生命周期，也就是开发时态。关于运行时态的内容将在第 8 章中介绍。

7.1 函数的定义

我们已经介绍了如何创建和发布函数。实际上，一个完整的函数服务，至少应该包括函数自身的规范，比如它的函数参数以及返回值的规范。这一点在不同云计算供应商的 FaaS 平台中，差异并不太大，我们仍然以阿里云函数计算的 Node.js 为例，其示例函数代码如下：

```
exports.handler = (event, context, callback) => {
  callback(null, 'hello world');
};
```

这个示例函数主要由两部分构成：函数名和参数。

7.1.1 函数名

函数名即函数的名称，上述示例代码中的 handler 即用户的函数名。但需要注意区分的是，它与发布到平台中的函数名称不同。平台的函数名称通常在配置文件中进行描述，该平台的函数名称将映射到一个对应的本地函数名上。

7.1.2 参数

该函数一共有 3 个输入参数，分别是 event、context 和 callback。

event 是函数被实际调用时所传入的数据，也就是函数真正的输入参数。event 的数据类型为 Buffer，需要在代码中将其转换为 JSON 后使用。具体示例代码如下：

```
/POST http://xxx.alicloudapi.com/handler
{ "key": "value" }

exports.handler = function(event, context, callback) {
  const eventData = JSON.parse(event.toString()); // { "key": "value" }
  callback(null, eventData['key']);
}
```

context 则包含一些函数运行环境的辅助信息，主要有本次请求的 Id、临时密钥、函数信息等，其示例代码如下：

```
{
  "requestId":"d954afda-d7f3-49e4-a040-8980306cf8f5",
  "credentials":{
    "accessKeyId":"STS.<accessKeyId>",
    "accessKeySecret":"<accessKeySecret>",
    "securityToken":"<securityToken>"
  },
  "function":{
    "name":"aliyun-faas-demo-dev-hello",
    "handler":"index.hello",
    "memory":128,
    "timeout":30,
    "initializationTimeout":null
  },
  "service":{
    "name":"aliyun-faas-demo-dev",
    "logProject":"sls-1863146044844084-cn-shanghai-logs",
    "logStore":"aliyun-faas-demo-dev",
    "qualifier":"LATEST",
    "versionId":""
  },
```

```
  "region":"cn-shanghai",
  "accountId":"1863146044844084"
}
```

最后，callback 是一个回调函数，用于返回调用函数的结果。它与 Node.js 内置函数的异步回调实现类似，其函数签名是 function (err, data)，err 用于返回错误信息，而 data 返回具体内容。

7.2 函数的调试

函数的调试通常有两种方式：本地调用与线上调用。在这里，我们将介绍在这两种方式下函数具体是如何被执行的。

7.2.1 本地调用

根据实现的不同，云计算供应商或开源 FaaS 方案会有两种不同的本地调用方式。

一种是模拟方式。也就是通过开发工具模拟函数的运行环境，包括它的运行时框架以及相关依赖。比如 Node.js，会启动一个类似于 Web Server 的 Node.js 进程来提供服务。当研发人员通过命令行工具调用函数时，函数将触发进程，调用函数，最终执行并返回。在这种方式下，由于运行环境是通过模拟实现的，因此当函数真正发布上线后可能会遇到与调试输出不一致的情况。这会给研发人员带来困惑。目前大部分云计算供应商已不再提供这种方式。

另一种更通用的方式，是安装函数所需的真实运行环境。这需要研发人员在本地安装容器化程序（一般是 Docker）并下载函数运行环境所需要的镜像文件（Image）。如图 7-1 所示，当开发者调用函数时，与线上真实场景类似，该函数将被构建为函数镜像，并被立即部署到容器中，从而实现与线上效果一致的输出。

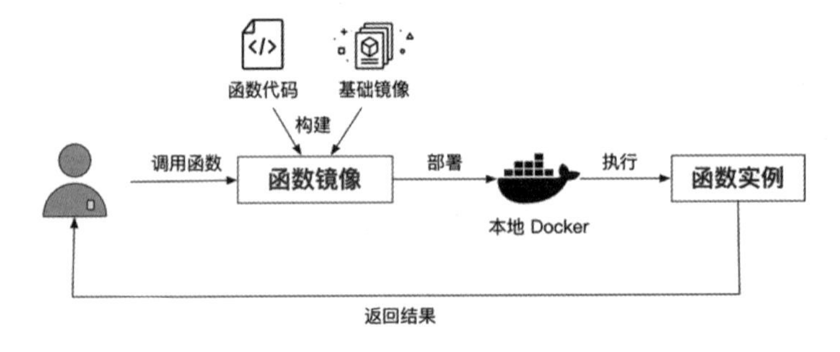

图 7-1 函数的本地调用流程

7.2.2 在线调用

前面我们介绍过两种函数在线调用的方式，即控制台调用与命令行调用。实际上，这两者在实现上并没有本质差异，如图 7-2 所示。无论是命令行还是控制台，最终都是通过 Web API 来触发的，将函数部署到容器中，然后执行函数并将函数执行的结果返回到控制台或命令行中。

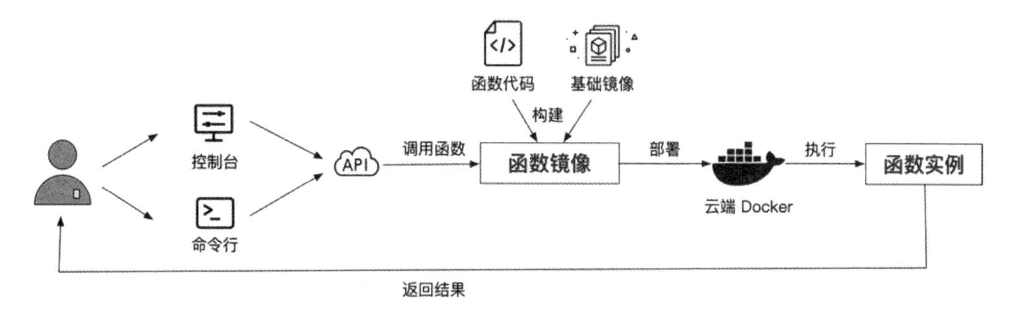

图 7-2　函数的在线调用流程

7.3 函数的发布

在了解了函数的定义和调用之后，该了解函数的发布环境了。

在这之前，我们已经通过 3 种不同的方式，完成了函数的初始化和发布。虽然作为用户，我们只是通过页面中的一个按钮或者一条终端命令就完成了发布，但在云服务器中，实际上发布需要完成一系列动作。将函数的整个部署过程串联起来看，我们的初始化、开发和调试实际上都属于对函数的配置。如图 7-3 所示，除对函数的配置外，函数的发布流程主要还有两个阶段：编译和部署。

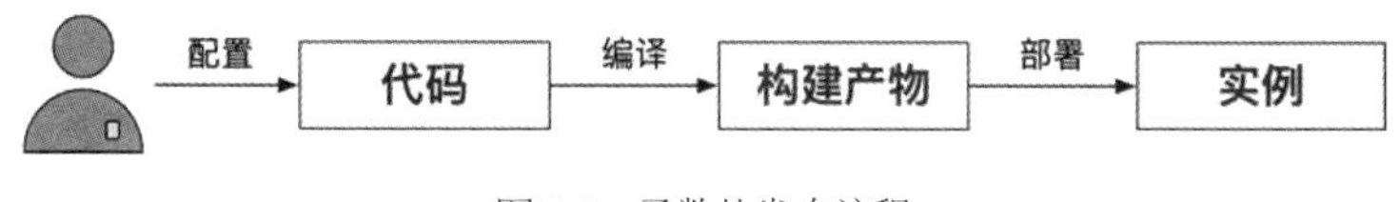

图 7-3　函数的发布流程

7.3.1 配置

这主要指研发人员按照平台的函数规范，完成代码的编写并对函数的相关功能进行设置，之后点击“发布”按钮，将代码上传至云服务器。第 6 章所讲的内容都属于配置工作。

7.3.2 编译

当开发者将代码上传后，该代码将被保存到对应的存储服务中。随后，云构建服务器将从存储服务中下载函数代码包，解压后开始进行编译和构建。对于不同的云计算供应商，因为实现不同，所以构建产物的形式可能有代码二进制文件（bin file）、打包文件（package file）或容器镜像文件（image file）等。

7.3.3 部署

最后，系统会将上一步得到的构建产物部署至生产服务器中。由于 FaaS 是在弹性计算的能力基础之上构建的，因此它同样具备了弹性计算的特性，在没有请求时并不会有实例产生。所以，部署这一步的具体时机取决于用户对该服务的第一次访问。

7.4 函数的更新

函数被保存之后即可立即被调用；但我们刚编写好的函数可能还是一个测试版本，所以我们并不希望它直接在生产环境中被用户调用。这时候，需要一种新的机制，让我们能够灵活地控制函数的调试、测试、发布。云计算供应商通常会提供两个新的特性，用于解决上述问题。它们就是版本（Version）和别名（Alias）：前者用于解决函数测试以及函数发布流程的整体控制，而后者可以实现对发布过程更细粒度的管理。

7.4.1 测试与发布

与虚拟机和容器化技术直接替换实例不同；在 FaaS 中，我们可以通过函数版本（Version）来实现调试、测试和发布。

函数版本指的是同一个函数在不同时期下保存的不同代码片段。

通常，在我们第一次创建函数后，平台将给该函数自动分配一个名为 $LATEST 的版本号，这表示该版本是这个函数的最新版本。当研发人员编辑并保存代码后，默认也会将变更保存至版本 $LATEST 中。因此，我们通常将它作为开发版本。

随后，开发、调试完成。通常在发布之前我们需要对准备发布的函数进行测试。这时候我们可以通过版本功能，为当前版本是 $LATEST 的函数，发布一个新的版本，即版本 1。也就是说，这一新的版本是当前版本的一个快照。新的快照版本一旦发布，便不可修改。这时我们便可以将新的版本 1 作为测试版本来提交。

如图 7-4 所示，实际上快照创建后，新版本的函数就可以被调用了，只是它没有可以触发的入口。因此，当版本 1 函数测试通过后，我们只需要修改入口，将它指向对应版本的函数，即可完成线上发布。

图 7-4　通过版本功能控制函数的发布

但是，如果只是单纯地使用版本功能来进行控制，发布过程将显得略烦琐。这时，每次发布都需要修改希望调用的函数版本，将调用指向新的函数版本。但这个版本信息往往都是在调用端传入的（如客户端指定或触发器配置），这使得单纯的函数发布涉及了与它不相关的多个系统，造成了多个系统之间的交互，让系统间的耦合度上升。

显然，这么做并不利于函数的维护。为了解决这一问题，云计算供应商还提供了另一个特性：别名（Alias）。

针对同一个函数，可以给它创建一个或多个别名，这些别名需要指向某个特定的版本。这样一来，调用端只需要记住函数的别名即可，而无须了解对应的版本以及它背后的含义，从而将函数更新的操作范围从上面的函数发布后再让触发器或客户端修改版本号，缩小到现在只需要修改别名所绑定的版本即可。

别名不仅简化了发布过程，同时也为开发和调试带来了便利。

我们在应用软件研发的过程中，通常需要多个不同的运行环境来完成不同阶段的工作，以避免相互干扰。在最基本的情况下，我们需要 3 个环境：开发环境、测试环境和生产环境，分别对应研发的 3 个阶段：开发、测试和上线。

然而，函数并没有部署环境的概念，但我们可以通过别名的方式来达到类似效果。

我们可以给所有函数都创建 3 个相同的别名：DEV、TEST、PROD，然后，将别名 DEV 指向函数的默认版本 &LATEST，实现开发环境；再将别名 TEST 指向版本 1，用于测试环境；当版本 1 测试完成后，将别名 PROD 指向版本 1，即完成上线。随后，我们将会继续在 &LATEST 中开发，并迭代出新的提测版本——版本 2 ，这时候将别名 TEST 指向版本 2，即可开始对新的函数版本进行测试，如图 7-5 所示。

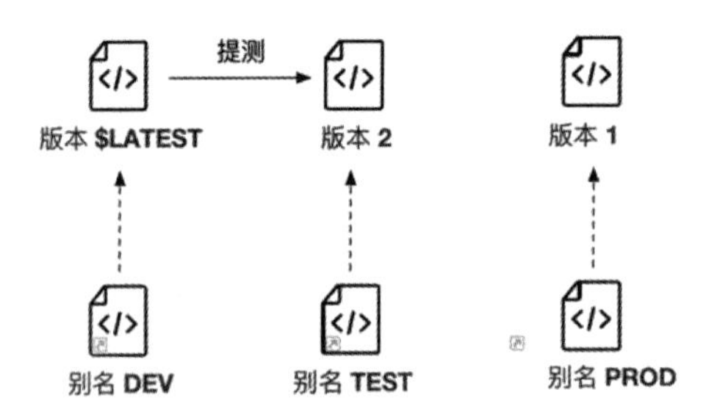

图 7-5 通过函数别名实现运行环境的管理

7.4.2 灰度与 A/B 测试

通过将函数的别名指向不同的函数版本，我们可以实现函数的快速发布。但对于高流量的线上服务，直接全量发布显然是不合适的。

这时候，通常需要采用灰度的方式让服务逐渐上线，并且在上线的过程中观察新服务的相应情况。每增加一批流量配比，就应该观察用户的反馈情况以及相关的业务监控，以确认没出现异常情况。也就是说，我们应该按比例让新函数平滑地替换已有函数，以便顺利地通过灰度发布阶段，保证系统整体的稳定性。

通过函数别名的权重配置功能，我们可以轻松地实现灰度发布能力。默认情况下，别名从一个函数版本指向新的函数版本后，请求流量将立即定向到新的版本中。如果新函数版本存在未被发现的异常，则将直接导致所有用户不可用。为了降低对用户的影响范围，我们应该选择通过权重的方式控制两个函数的流量百分比。

如图 7-6 所示，可以先指定将 5% 的流量指向新版本的函数，而将其余 95% 的流量路由至原函数的版本。随着对新版本函数的流量观察，可以根据需要再逐渐增加新版本函数的流量比例，最后将所有流量指向新的版本。

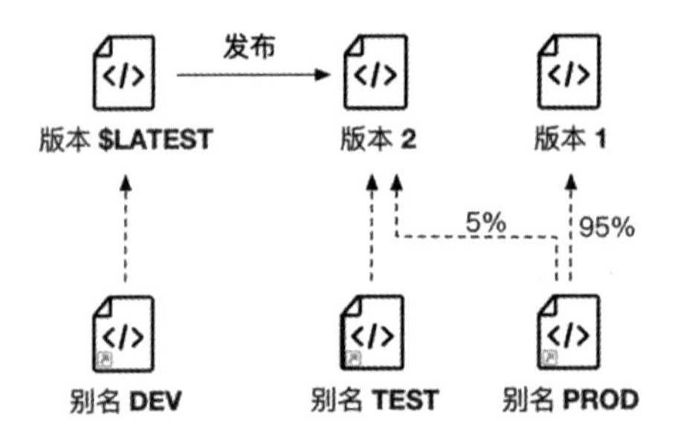

图 7-6 通过权重配置功能实现函数的灰度发布

除此之外，在发布一些重要功能时，我们还会采用 A/B 测试（A/B Testing）的方式，以达到更好的效果。

A/B 测试是一种随机测试，即为同一个目标制定两个方案，让一部分用户使用 A 方案，另一部分用户使用 B 方案，同时记录这些用户的使用情况，之后分析哪个方案取得了更好的效果，最终统一使用一套方案。

通过函数别名可以十分方便地实现 A/B 测试，只需要给对应的两个方案的函数分别指定 50% 的流量就可以实现，其整体流程与灰度发布类似，这里不再赘述。

本章小结

本章介绍了在函数发布之后的内容，包括函数是如何在云服务器中进行构建、部署的，实际上要经历配置、编译、部署 3 个过程，才能完成函数的发布。除此之外，我们还了解了在 FaaS 场景下，如何通过版本和别名的配置操作，完成服务的灰度发布和 A/B 测试。在此可以看出，与虚拟机或容器镜像比起来，对函数进行管理，变得十分简捷和自然。

第 8 章将介绍函数的两大重要特性：触发器与运行时。

第 8 章 理解函数运行时

在第 7 章中，我们介绍了函数在研发与部署过程中的生命周期，了解了函数在发布时需要经历哪些配置，以及如何对部署环境以及版本进行控制。本章将聚焦于运行时态，介绍函数是如何被调用和执行的。下面我们将分两个部分进行介绍，即用于调用函数的触发器，以及提供函数运行环境的运行时。

8.1 函数的触发

如果我们需要在函数中具有调用其他云服务（比如存储服务或消息服务）的能力，那么可以通过这些云服务提供的 SDK 或 API 来实现。但反过来，如果我们需要在这些云服务或客户端中调用函数，则可以通过函数的触发器来实现。

触发器，是一种将事件（Event）关联到具体函数上进行处理的机制。在之前的章节中我们已经提到，函数实际上是基于事件机制来运转的，因此，可以把任何请求类型都看成一种事件源。这些事件源包括 HTTP 请求、文件上传请求、数据库读/写请求、消息发送请求等。这些事件源都可以通过触发器绑定到某个函数中。

针对不同的函数配置不同的触发器后，函数就能通过相应的事件源来被触发并执行。需要理解的是，函数和触发器之间是一个多对多的关系。也就是说，一个触发器可以绑定到多个函数上，当事件触发时，多个函数都将被执行。也可以是同一个函数绑定多个触发器，以便不同的事件统一由一个函数来处理。在第 7 章中，我们介绍了函数版本与函数别名的概念。因此，当我们在进行关联时，可以配置将触发器关联到特定的函数版本或特定的函数别名上。这样一来，就实现了函数发布与触发器配置的解耦，让函数在变更部署后，无须更改与触发器相关的配置。

根据事件来源的不同，可以将触发器的类型大致分为 4 种类型：客户端触发器、消息触发器、存储触发器以及其他触发器。虽然每种事件的类型不同，可能部分参数也有所不同；但在同一个函数绑定了不同触发器时，系统可以将相关事件源的事件消息以统一的参数格式传递到函数中，再由函数自行处理。

由于事件源与对应的云服务紧密相关，因此事件基本都是由云计算供应商对应的服务所定义的。比如在 Amazon AWS Lambda 中，数据存储事件是由 Amazon AWS DynamoDB 所定义的；也就是说，DynamoDB 提供了在读/写数据库时，允许用户触发指定函数，进行额外处理的能力。

下面，我们将以阿里云函数计算为例列举每一类触发器的特点和用法。

8.1.1 客户端触发器

客户端触发器指的是事件由客户端设备所触发的一类触发器，这些终端包括 API 网关、IoT 设备、移动设备等。这里我们通过前端研发人员最为熟悉的 API 网关，进一步了解客户端触发器。

通过配置 API 网关，我们可以将具体的 URL 绑定到函数上，在选择合适的 HTTP 方法（如 GET 和 POST）后，即可完成绑定。这样，当浏览器向该 URL 发起 HTTP/HTTPS 请求时，API 网关服务会调用相应的函数，其具体过程如图 8-1 所示。

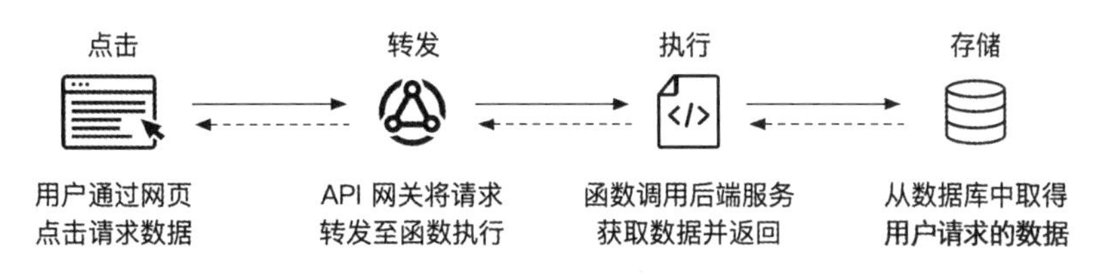

图 8-1　通过 API 网关触发函数

8.1.2 实践：通过 Web API 调用函数

本节将演示如何通过阿里云的 API 网关服务，创建一个指向函数的触发器。由于需要在阿里云网关平台将 API 绑定到函数，因此我们需要首先创建一个函数。这里为了简便起见，我们沿用在之前通过控制台创建好的 HelloWorld 函数。若读者还没有创建该函数，则可以参考 6.1 节来创建对应的函数。

通过 Web API 调用函数示例如下：

（1）由于阿里云 API 网关平台要求绑定的服务返回的数据类型为 JSON ，同时需要在返回的内容中指定 HTTP 状态码，因此我们需要对函数返回值稍加修改。通过阿里云函数计算控制台，将函数修改为如下内容：

```
'use strict';

  /*
  if you open the initializer feature, please implement the initializer function,
as below:
  module.exports.initializer = function(context, callback) {
    console.log('initializing');
    callback(null, '');
  };
  */

module.exports.handler = function(event, context, callback) {
  callback(null, {
    statusCode: 200,
    body: {key: 'hello world'},
  });
}
```

（2）函数修改完成后，我们就可以在 API 网关平台配置触发器了。首先登录阿里云的 API 网关平台（参见链接 7）。若没有开通该功能，则需要先进行开通。

（3）API 网关平台是通过分组功能来管理 API 的，所以在创建 API 前，需要先创建一个 API 分组。在 API 网关平台的分组管理页面中，点击 “创建分组”按钮，如图 8-2 所示，根据提示引导，新建一个 API 分组。

（4）API 分组创建完成后，我们就可以开始创建 API 了。点击“新建 API”按钮后，填写 API 的基本信息，包括 API 名称及安全认证方式等，如图 8-3 所示。这里为了便于演示，在“安全认证”栏中选择“无认证”选项。

创建分组

地域：华东 2 (上海) (每个用户只能创建50个分组)

*实例：共享实例（经典网络）　实例类型与选择指南

*分组名称：test_api_group

分组名称必须唯一，支持汉字、英文字母、数字、英文格式的下划线，必须以英文字母或汉字开头，4~50个字符

描述：不超过180个字符

确定　取消

图 8-2　创建 API 分组

图 8-3　填写 API 的基本信息

（5）完成 API 的基础设置后，点击“下一步”按钮，设置 API 的入口信息。这里填写的请求 Path 对应最后 Web API 的路径。如图 8-4 所示。在“请求 Path”栏中填入“/test-faas”，在“HTTP Method”栏中选择“GET”。

（6）完成 API 的入口设置后，点击“下一步”按钮，绑定 API 所指向的后端服务。如图 8-5 所示，“后端服务类型”选择“函数计算”，并依次填入服务名称、函数名称，并根据提示引导，配置对应的角色授权。

图 8-4 设置 API 的入口

图 8-5 设置 API 的后端服务

（7）完成上述设置后，我们就进入了配置的最后一步——配置返回结果。如图 8-6 所示，由于我们在第 1 步已经将函数的返回类型调整为 JSON，因此在“返回 ContentType”栏中直接使用默认的 JSON（application/json;charset=utf-8）即可。

图 8-6　配置返回结果

（8）完成配置后，点击“创建”按钮。

这样，我们就成功地将 API 网关触发器绑定到一个函数了。

现在可以通过 API 网关的测试控制台或终端调用该函数了。我们可以在 API 网关平台中查询对应 API 的完整 URL 地址。随后，使用如下命令可以通过客户端调用函数：

```
curl -i
http://3c3e190f62ba42138798b6ca780a5bda-cn-shanghai.alicloudapi.com/test-faas

HTTP/1.1 200 OK
Server: Tengine
Date: Thu, 07 Nov 2019 12:01:00 GMT
Content-Type: application/json; charset=UTF-8
Content-Length: 21
Connection: keep-alive
Access-Control-Allow-Origin: *
Access-Control-Allow-Methods: GET,POST,PUT,DELETE,HEAD,OPTIONS,PATCH
Access-Control-Allow-Headers:
```

```
X-Requested-With,X-Sequence,X-Ca-Key,X-Ca-Secret,X-Ca-Version,X-Ca-Timestamp,
X-Ca-Nonce,X-Ca-API-Key,X-Ca-Stage,X-Ca-Client-DeviceId,X-Ca-Client-AppId,
X-Ca-Signature,X-Ca-Signature-Headers,X-Ca-Signature-Method,X-Forwarded-For,
X-Ca-Date,X-Ca-Request-Mode,Authorization,Content-Type,Accept,Accept-Ranges,
Cache-Control,Range,Content-MD5
Access-Control-Max-Age: 172800
X-Ca-Request-Id: 8687CB3A-A73F-47BB-A283-2422F66DF317

{"key":"hello world"}
```

8.1.3 消息触发器

对于消息队列（Message Queue），前端研发人员可能接触得并不多，但其在软件研发的过程中应用得极其广泛。实际上，消息队列的实现与一种设计模式有关。

在由 4 人组（GoF，Gang of Four）合著的著名技术图书《设计模式》（*Design Patterns: Elements of Reusable Object-Oriented Software*，1994 年出版）中，总结了软件研发中最常见的 23 种设计模式。其中一种模式被称为"发布/订阅模式（publish–subscribe pattern）"，它通过发布者和订阅者之间的约定，实现松散的一对多依赖关系。当发布者发送一个事件时，所有订阅了该事件的接收者都会得到通知。如图 8-7 所示，发布者并不会直接将消息发送给订阅者，而是将所发布的消息分为不同的类别，通过中间消息中心提供的事件通道来间接完成。这样，发布者就无须了解有哪些订阅者；同样，订阅者也只需要关注消息主题，而无须关注发布者，从而实现了双方的解耦。这里的消息队列就是"发布/订阅模式"的产品化实现。

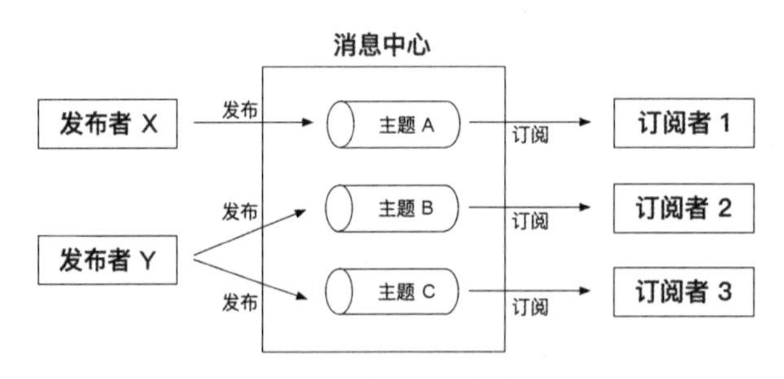

图 8-7　发布/订阅模式

消息队列的应用，最常见的莫过于瞬时高并发的异步场景了。比如，商品秒杀、定时红包等大型线上活动均会在短时间内带来极高的流量。如果没有做好相应的保护或评估，则瞬时的大量用户请求可能直接导致系统崩溃。比如几年前，某电商平台在"大促"期间就曾出现过大规模不可用的情况。这对用户体验的影响和最终营收的损失都是无法估量的。而为了解决该问题，最直接的方式是对请求进行限流；不过，这是有损的。限流将影响用户的使用。虽然系统不会崩溃，但这将导致无法对部分用户提供服务。而更理想的方式则是使用消息队列机制，将瞬时流量转换为排队的消息，再通过固定流量（如每 1000 条消息/秒）来消费。这种通过排队来应对瞬时高并发场景的措施，通常也被称为“削峰填谷”。

消息队列除了能够解决高并发问题，它还有可以实现系统解耦的效果。我们以电商场景为例，通过使用消息队列机制，可以将不同系统间的同步依赖调整为异步依赖。当用户下单后，将生成订单数据；而每笔订单数据的产生，又将会带动下游多个业务系统的响应，比如支付系统需要收银、购物车需要清空、积分系统需要增加对应的购物积分、物流系统需要开始跟踪发货情况，等等。若采用同步处理，则任何下游链路出现问题，都将导致整体服务的异常。通过消息发送的方式，将同步处理转为异步处理，就可以确保主要业务的正常运转。

除“削峰填谷”和系统解耦外，消息队列还能应用于保障消息按顺序接收、支持任务分发和流量分发等多种场景。

通过配置消息触发器，我们可以将函数作为订阅者，从而处理来自消息队列的事件。在传统模式下，为了能够让消息中心触发订阅者，订阅者需要提供一个可访问的 Web API，以供消息中心调用；这往往需要配套的服务器资源。而函数则可以直接通过消息系统内部来触发，并且是按需计费的，这有效降低了消息处理的成本。与其他常见的应用方式相比，这种方式在消息消费时需要进行额外的处理。比如在图 8-8 中的场景，让函数订阅监控报警事件，当事件被触发后，再通过函数发送邮件并进行短信报警。

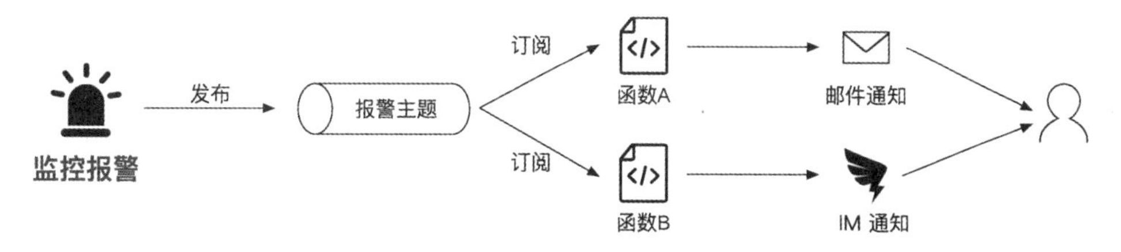

图 8-8 通过函数订阅监控报警事件

8.1.4 实践：通过消息触发函数

> 注：本节中所使用的产品可能会在云计算供应商处产生计算资源的相关使用费用，建议读者在测试完毕后，及时关闭相关服务，以避免不必要的损失。

本节将演示如何通过函数创建一个触发器，订阅阿里云消息服务。

阿里云消息服务（MNS，Message Service）是阿里云商用的消息服务中间件，可帮助应用开发者实现在多个服务之间的数据传递，从而构建松耦合、分布式、高可用的系统架构。本节所使用的函数将继续沿用之前创建的 HelloWorld 函数。

通过消息触发函数示例如下：

（1）登录阿里云消息服务控制台（参见链接 8）。若没有开通该功能，则需要先进行开通。

（2）这里，首先需要创建一个主题，它表示一类事件的集合。在消息服务控制台的左侧选择“主题”菜单，然后点击“创建主题”按钮，随后根据提示引导创建一个主题，如图 8-9 所示。

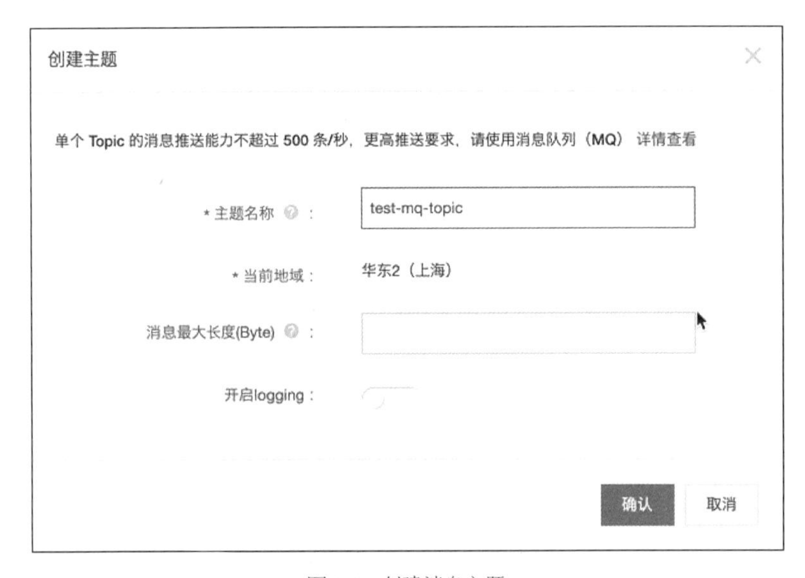

图 8-9 创建消息主题

（3）主题创建完成后，我们就可以在函数中创建对应该主题的触发器了。找到之前创建的 HelloWorld 函数，在页面中选择“触发器”选项卡，点击“创建触发器”按钮，如图 8-10 所示，根据提示引导，依次填入服务类型、触发器名称、Topic（主题）等信息，之后点击“确定”按钮，即可完成触发器的创建。

（4）现在，我们可以通过手工的方式将消息发送到对应的主题了，测试是否能够触发函数执行。如图 8-11 所示，点击“发送消息”按钮即可开始测试。

阿里云
华东2（上海）
费用
工单
备案
企业
支持与服务
简体中文
函数计算
← test-fn
概览
代码执行
触发器
日志查询
函数指标
触发器管理
创建触发器
触发器名称
事件源
服务版本/别名
创建触发器
服务类型
MNS 主题触发器
* 触发器名称
mq-trigger
触发版本/别名
LATEST
* MNS Topic 所在区域
华东2 (上海)
* Topic
test-mq-topic
过滤标签
重试策略
退避重试
Event 格式
JSON
通过选择合适的授权方式进行授权，选择已经存在的角色，
查看该角色是否授权MNS_TOPIC调用函数计算。
确定
取消

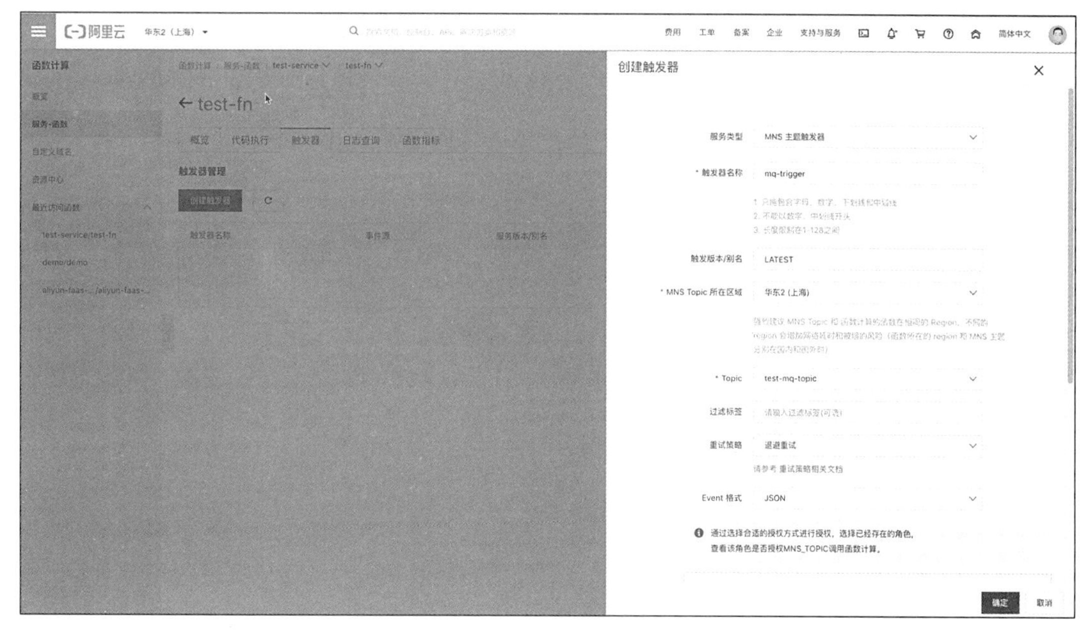

图 8-10　创建函数的主题触发器

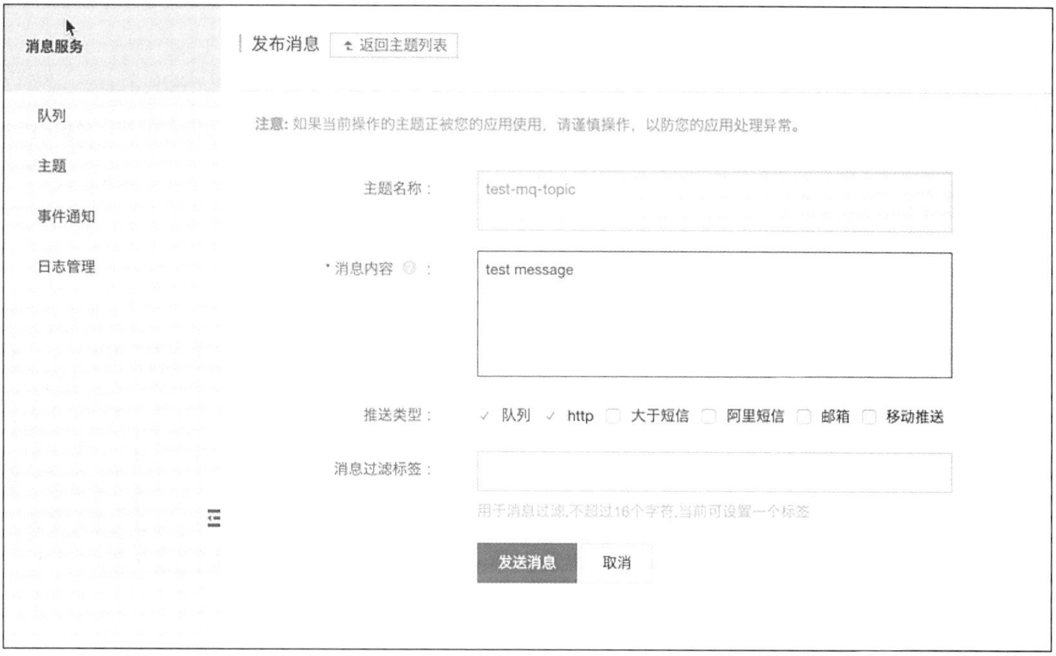

消息服务
队列
主题
事件通知
日志管理
发布消息
返回主题列表
注意：如果当前操作的主题正被您的应用使用，请谨慎操作，以防您的应用处理异常。
主题名称：
test-mq-topic
* 消息内容 ：
test message
推送类型：
队列
http
大于短信
阿里短信
邮箱
移动推送
消息过滤标签：
用于消息过滤,不超过16个字符,当前可设置一个标签
发送消息
取消

图 8-11　通过平台发送消息

注：由于我们还没有配置函数的日志采集（将在后续章节中介绍）服务，因此暂时无法观察到函数的执行结果。我们可以通过阿里云函数计算控制台的“概览”页面观察函数的总体调用次数，以间接判断函数是否被成功调用。（函数调用次数的统计数据并非实时更新，目前为 1 小时刷新一次。）

8.1.5 存储触发器

计算机中所说的存储，指的是将数据以某种方式保存，并且日后能够有效、方便地使用或更新这些数据的一种持久化方法。根据存储的方式不同，数据存储主要分为三类：文件存储、对象存储以及块存储。在我们的实际研发中，使用的存储能力则通常是由云计算供应商以服务的方式提供的。

存储触发器指的是当存储动作（如插入、更新、删除等）发生时，将通过事件的方式通知该事件的订阅方，从而进行一些额外的处理。存储触发器通常由存储服务提供，而不同云计算供应商所提供的存储触发器可能所有不同，主要分为面向数据库（如 Amazon AWS DynamoDB、阿里云表格存储 Tablestore）和面向文件（如 Google Cloud Storage、Azure Blob Storage）两种触发器。

在针对函数的存储触发器出现之前，传统的数据库产品（如 MySQL 或 SQL Server）中已有类似功能，它就是触发器（Trigger）。触发器允许在数据被插入、更新或删除的时候执行特定的 SQL 语句。但是，传统触发器实际上依赖于特定的数据库产品，通常，其会对插入的数据进行更多的处理，并包含较多的业务逻辑。这样一来，触发器就将业务的实现细节隐藏到数据库内部，服务与数据库之间的耦合度将非常高。这使得数据库的替换可能性近乎为零，同时，这也将导致整个系统难以调试和维护。另外，由于传统的触发器仅支持 SQL 语法，因此当需要操作多条数据时，可能需要使用游标或循环之类的特殊能力。这将消耗大量的数据库计算资源，从而影响查询性能。

基于以上种种问题，在传统数据库中，我们很少见到触发器的大规模使用。

对于面向函数计算的存储触发器，我们并不能简单地将它看作传统触发器的云计算版本。与传统触发器不同的是，面向函数计算的存储触发器通常不会与业务形成强耦合的关系，而是以异步调用的方式实现某些优化或增强能力。比如在图 8-12 所示的存储触发器的应用中，我们可以在用户向 OSS（Object Storage Service，对象存储服务）上传一张图片（或一个视频）后，触发一个函数将其转码成不同分辨率（或码率）的版本，从而在用户的不同网络环境下使用不同质量的图片（或视频）；同时，我们还能再触发另一个 OCR 函数，识别图片（或视频）中的文本，再将结果存储到索引中，供用户直接通过文本来检索图片（或视频）中的文字。

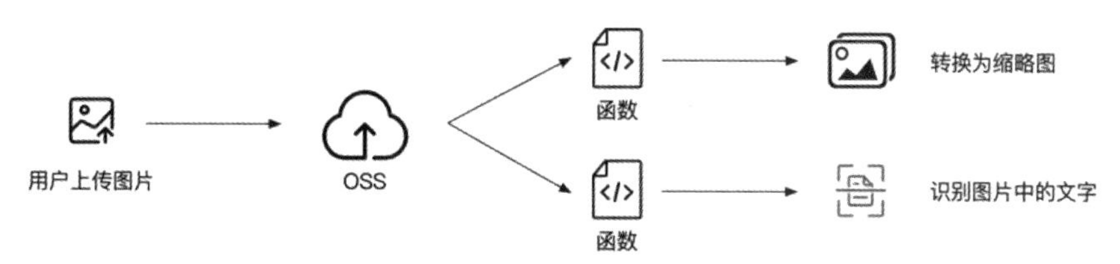

图 8-12 存储触发器的应用

8.1.6 实践：生成上传图片的缩略图

本节将演示如何通过 OSS 触发器，让用户在上传图片后，自动触发函数生成对应的缩略图。

生成上传图片的缩略图示例如下：

（1）登录阿里云 OSS 控制台（参见链接 9），若没有开通该功能，则需要先进行开通。

（2）要使用 OSS 存储文件，首先需要创建一个存储空间。在阿里云中，不同的存储空间被称为一个个的桶（Bucket）。在 OSS 控制台的首页中点击“创建 Bucket”按钮后，在“Bucket 名称”栏中输入“bucket-fc”，之后点击“确定”按钮即可，如图 8-13 所示。

（3）在此，我们需要创建两个文件夹：一个用于保存用户上传的原始图片，另一个用于保存通过函数处理后的缩略图。进入新创建的 Bucket，如图 8-14 所示，选择“文件管理”→“新建目录”选项卡，分别创建名为“original”和“thumbnail”的目录（文件夹）。

（4）随后，为了方便函数的测试，我们先手动上传一张测试图片。选择计算机中的任意一张测试图片并命名为“test-img.jpg”，点击“上传文件”按钮，将其手动上传到 original 目录中。

（5）完成目录的创建后，我们可以开始编写处理函数了。由于涉及图片压缩，因此我们需要使用开源类库 jimp（参见链接 10）。jimp 是一个完全使用 JavaScript 编写的用于 Node 的图像处理库，不依赖第三方类库，可直接使用。由于无法在控制台中添加函数的依赖，因此这里需要在本地实现函数功能，可以通过命令行工具 fun 进行函数的创建和上传。

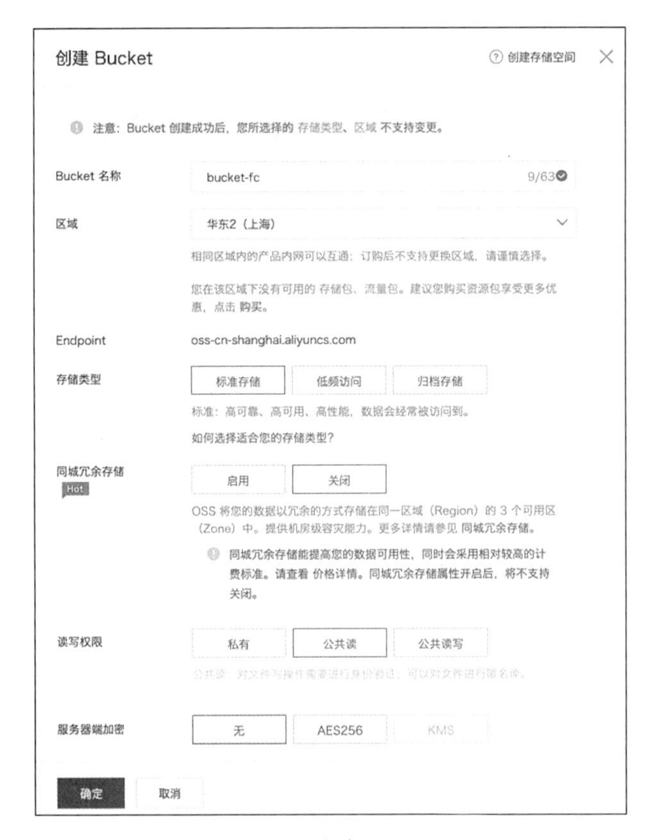

图 8-13　创建 Bucket

图 8-14　创建目录

（6）和通过命令行工具创建 HelloWorld 函数一样，可使用如下命令，创建一个新的服务及函数 fn-generator-thumbnail，并通过 npm 安装图片处理类库 jimp 及阿里云 OSS SDK：

```
# 创建文件夹
$ mkdir fn-generator-thumbnail && cd fn-generator-thumbnail

# 初始化项目
$ fun init

# 安装第三方依赖
$ npm install --save jimp ali-oss
```

（7）初始化完成后，可以开始函数的编写了。函数的整体逻辑如下：首先通过解析事件触发中附带的 event 参数，获取用户上传图片的地址，之后通过 jimp 类库生成图片所对应的缩略图版本，最后通过阿里云 OSS SDK 将生成的缩略图上传至对应的缩略图文件夹中。函数的最终实现如下：

```
const oss = require('ali-oss');
const jimp = require("jimp");

module.exports.handler = async function(event, context, callback) {
  const ossEvent = JSON.parse(event).events[0];

  // 创建OSS client 实例
  const client = new oss({
    region: 'oss-' + ossEvent.region,
    accessKeyId: '<accessKeyId>',
    accessKeySecret: '<accessKeySecret>',
    bucket: 'bucket-fc',
  });

  // 获取用户上传的原始文件
  const file = await client.get(ossEvent.oss.object.key);

  // 读取至内存
  let img = await jimp.read(file.content);

  // 调整大小并生成新的图片
  img = await img.resize(100, 100).getBufferAsync(jimp.AUTO);

  // 上传至 OSS
```

```
  const path = ossEvent.oss.object.key.replace('original/', 'thumbnail/');
  const result = await client.put(path, img);
  callback(null, result.url);
};
```

注：在代码中需要用到 accessKeyId 与 accessKeySecret，这是因为需要让函数具备相关服务的操作权限。因此，读者需要将代码中所对应的占位符 accessKeyId 与 accessKeySecret 替换为真实的 Key。这里为了方便测试，我们直接使用在最初配置命令行工具时所创建的 Key。可以通过命令 cat ~/.aliyuncli/credentials 来查看相应的 Key：

```
$ cat ~/.aliyuncli/credentials

aliyun_account_id = <accountId>
aliyun_access_key_id = <accessKeyId>
aliyun_access_key_secret = <accessKeySecret>
```

（8）函数编写完成后，通过 fun deloy 即可将函数发布至阿里云。该命令将自动检测函数中的依赖信息，并根据依赖信息打包对应的 node_modules 中需要的第三方包，最后将打包后的文件上传至云端：

```
$ fun deloy
```

（9）函数部署完成后，我们就可以设置触发器了。我们将创建一个 OSS 触发器，实现当文件上传时，触发该函数执行的功能。如图 8-15 所示，在创建触发器页面中，将“服务类型”设置为“对象存储触发器”，将“触发器名称”设置为 oss-trigger。随后，在“Bucket 列表”栏中，选择我们在第 2 步中创建的 Bucket。由于我们需要绑定上传事件，因此在“触发事件”栏中选择“oss:ObjectCreated:*”。该选项表示当任意对象创建时，都会触发该事件。最后，在“触发规则”栏中将“前缀”设置为“original/”，表示对事件影响的范围进行限制，只有当上传文件路径前缀为我们所配置的前缀时，才会触发事件，以避免事件的循环嵌套触发。

图 8-15　创建 OSS 触发器

（10）至此，我们就完成了所有配置工作，下面可以测试函数了。在阿里云函数计算控制台中，选择我们所创建的函数，点击“触发事件”按钮，在弹出的页面中，我们将模拟一个用户上传请求。在触发事件中选择 OSS 模板，并将“bucket.name”修改为我们所创建的 Bucket 名称，将“object.key”修改为“/original/test-img.jpg”，随后点击“执行”按钮。之后将得到如下结果，即表示执行成功：

```
执行结果

http://bucket-fc.oss-cn-shanghai.aliyuncs.com/thumbnail/test-img.jpg
```

这时，观察 OSS 控制台，在 thumbnail 目录下将出现已处理完成的 test-img.jpg 文件。

（11）函数测试正常后，我们就可以在 OSS 控制台中进行最终的完整测试了。最终效果是，在 original 目录中上传任意图片，将自动在 thumbnail 目录中生成所对应图片的缩略图。

8.1.7 其他触发器

我们已经介绍了客户端触发器、消息触发器和存储触发器，除这 3 种触发器外，云计算供应商还会根据自身的云服务，提供不同的触发器类型，如下所示：

◎ 定时触发器：能通过定时执行来实现计划任务能力。

◎ 代码提交触发器：能在代码提交时触发，以便于实现代码的持续集成。

◎ CDN 触发器：在 CDN 进行分发时执行函数，以便处理数据。

这些触发器通常会与云计算产品紧密结合，让函数作为各个云计算服务间的黏合剂，使得各个云服务可以更好地服务于业务。

8.2 函数的执行

在介绍了函数如何被触发后，下面介绍函数的执行。

正如前面提到的，FaaS 产品通常支持 Python、Java、Node.js、Go 等多种运行时。但无论是哪一种运行时，其底层实现都是类似的，均向函数提供了基础能力类似的运行环境。

接下来，我们将继续以 Node.js 为例，介绍一个 FaaS 运行时的内部工作机制。

8.2.1 入口方法

前面介绍了函数的标准定义。除函数自身的定义外，我们还需要设置入口方法。

在之前创建 HelloWorld 函数时，我们在目录下通过 fun init 命令，通过阿里云函数计算模板代码初始化了项目。其中包含一个 templete.yml 文件，该文件描述了函数的入口方法，其内容如下：

```
ROSTemplateFormatVersion: '2015-09-01'
Transform: 'Aliyun::Serverless-2018-04-03'
Resources:
  demo:
    Type: 'Aliyun::Serverless::Service'
    Properties:
      Description: 'helloworld'
```

```
  demo:
    Type: 'Aliyun::Serverless::Function'
    Properties:
      Handler: index.handler
      Runtime: nodejs12
      CodeUri: './'
```

在此，Handler:index.handler 表示该函数的入口方法，其对应指向了 index.js 文件中的 handler 函数。handler 函数定义如下：

```
module.exports.handler = function(event, context, callback) {
  console.log('hello world');
  callback(null, 'hello world');
};
```

在调用函数时，系统将通过函数名，找到对应的处理函数并执行。

8.2.2 运行时

在大多数云计算供应商或第三方开源的 Serverless 方案中，函数的运行时都是采用容器化技术部署的。通常，一个函数将对应一个 Docker 的实例，该实例提供了运行函数所必需的运行环境（Runtime）。例如，Node.js 的函数就在 Docker 中安装了对应的 Node.js 版本。

值得注意的是，云计算供应商都会对函数容器的运行实例进行优化，其中最常见且有效的优化手段就是容器的复用。它指的是，通常我们在调用同一个函数时，云计算供应商的 FaaS 系统将立即启动一个容器实例，用于执行函数，执行完成后再回收容器。但实际上，为了提高访问性能，FaaS 系统通常会设置在一段时间后再回收容器实例。在回收实例之前，如果有新的函数请求，请求的执行将直接复用该实例，从而跳过实例的初始化过程。

通过这一特性，我们可以进一步做性能优化。比如函数有一些通用的初始化准备工作（如创建数据库连接），则可以将其放置在初始化函数中，这样可确保在容器的整个生命周期中，只进行一次初始化操作，以避免每次函数执行时反复调用相同的初始化代码。但是，我们仍然需要假设所有容器都是一次性的，避免函数依赖于那些不确定的临时变量。

除提供编程语言的支持外，运行时还将提供上下文信息及全局的环境变量，辅助研发人员开发、调试函数。

在上下文信息中，通常包括函数名称、函数版本、为函数分配的内存等信息。在全局环境变量中，运行时通常会提供一些与机器相关的信息，如函数所在的区域、运行时版本等内容。

上下文信息与具体的语言相关，而环境变量则由操作系统统一定义。

即使同一种语言的运行时，也有不同版本的区分。比如在 Node.js 中，有 Node.js 8.x、Node.js 10.x、Node.js 12.x 等多种选择。与传统应用的容器化部署不同，FaaS 运行时由于是统一维护的，因此存在维护周期的问题。由于不同版本运行时的发布时间不同，因此它们会有不同的结束期。过老的版本往往会面临被弃用的境遇。这一点和 Node.js 官网对于其自身发行的不同版本的维护机制类似。

当一个运行时版本不再被维护，面临被弃用的情况时，为了让版本切换平滑地完成，云计算供应商通常会让其经历一个完整的下线周期。该周期整体分为三个阶段：在第一阶段，用户将无法再基于已被弃用的版本创建函数，但可以继续更新和使用已经被弃用版本中的函数；在第二个阶段，用户将无法更新函数，但仍然可以调用函数，若需要更新函数，则系统将强制要求升级到新的容器版本；在第三个阶段，仍然没有升级的函数将被禁止调用。

函数的这一弃用机制，虽然可能会对长久不再升级的项目带来一些维护的成本，但杜绝了因长久不更新的运行时而带来的安全性问题。同时，大部分运行时的升级都是向下兼容的，我们可以简单地修改配置后重新发布，即可完成升级。

8.2.3 日志输出

在函数的执行过程中希望输出日志，依然可以使用 Node.js 内置的 console 模块实现。由于在 FaaS 场景中研发人员无法再通过 SSH 登录到服务器的方式直接查看日志，因此我们需要将输出的日志保存到独立的文件中。

下面，我们将以阿里云函数计算为例，了解查询函数调用日志的知识。

8.2.4 实践：查询函数调用日志

当使用阿里云函数计算服务时，服务将自动绑定阿里云的日志服务。在函数执行后，每次调用的详细信息将以流的方式发送到该日志服务，除自身函数的调用信息外，研发人员的标准输出也会包含在其中。

在日志组中，包含了日志中每个示例的日志流。在函数执行时，每次调用的详细信息将发送到该日志流。除自身函数的调用信息外，研发人员的标准输出也会包含在其中。

例如，我们在阿里云函数计算中创建如下函数，然后依次点击“保存”按钮和“运行”

按钮：

```
exports.handler = async () => {
  console.log('count: %d', 5)
  console.error('error #%d', 5)
  const response = {
    statusCode: 200,
    body: JSON.stringify('Hello from zack'),
  };
  return response;
};
```

随后，我们即可通过函数管理页面中的“执行日志”区域查询到调用日志，如下所示：

```
FC Invoke Start RequestId: ad8931a0-50da-4b59-a5d9-e60046b176eb
load code for handler:index.hello
2019-11-28T12:33:01.454Z ad8931a0-50da-4b59-a5d9-e60046b176eb [verbose] count:
5
2019-11-28T12:33:01.489Z ad8931a0-50da-4b59-a5d9-e60046b176eb [error] error #5
FC Invoke End RequestId: ad8931a0-50da-4b59-a5d9-e60046b176eb
```

同样，我们也可以在阿里云的日志服务产品中查询到同样的信息，这将为我们后续调试和排查问题带来不少便利。

本章小结

在本章中，我们学习了在阿里云函数计算中，函数的触发与执行的机制，从实际例子中了解了触发器的能力。在此可以看出，触发器实际上是云计算各个产品中的“黏合剂”，它可将不同的云计算产品有机地结合起来，从而提供更强大的服务。当函数被触发器调用后，会大致经历入口调用、运行时执行和日志输出三个阶段。其中，运行时由于由云计算供应商维护，因此为了提高服务的安全性和稳定性，它与 Node.js 一样设立了一个过时版本的弃用机制。

针对云计算供应商的产品及其能力就介绍到这里。在第 9 章中，我们将尝试基于 Node.js 创建一套能够独立运行的函数运行环境机制。我们编写的函数可以直接在该机制上良好地运行。

第9章 自建简易FaaS

通过前几章针对 FaaS 的内部实现和调用链路的介绍，我们对 FaaS 已有了一个比较直观的认识。在本章中，我们将实现一个最简单的 FaaS 服务。

不同的函数在被调用时，为了确保各个函数的安全性，同时避免它们相互干扰，平台需要具备良好的隔离性。实现不同函数隔离的关键技术被称为“沙箱”（Sandbox）。沙箱系统的具体实现方式有多种形式；目前在 FaaS 服务中，应用得最为普遍的是基于 Docker 技术实现容器级别的隔离。它不仅仅实现了安全性隔离，同时还能对系统资源（如 CPU、内容）进行隔离和限制。除了容器级别的隔离实现，还有一种基于进程的隔离实现。相对来说，基于进程的隔离实现更轻便、灵活，但与容器级别的隔离实现相比，其隔离性尚有一定差距。本章就将实现一个基于进程隔离的函数运行环境。

9.1 基础能力

在本节中，我们将实现最基本的函数运行环境：沙箱。

在计算机操作系统中，不同进程使用的是相互独立的内存空间。操作系统通过虚拟地址空间实现这一能力。在进程创建时，操作系统将给该进程分配对应的虚拟地址，再将虚拟地址映射到真正的物理地址上。因此，进程无法感知真实的物理地址，只能访问分配给自身的虚拟地址。也就是说，进程 A 的虚拟地址和进程 B 的虚拟地址完全独立，无法相互访问。这样一来，就可预防进程 A 将数据信息写入进程 B 中的情况。

因此，我们的沙箱基于进程实现，就可以让不同的函数运行在不同的进程中，从而保障各个函数的安全性和隔离性。如后面的图 9-1 所示，我们通过主进程（master）来监听函数调用请求，当请求被触发时，再启动子进程（child）执行函数，并将执行后的结果通过进程通信发送回主进程，最终返回到客户端中。

9.1.1　基于进程隔离运行函数

下面，我们将使用 Node.js 实现函数的运行环境。

在 Node.js 中，每个应用程序在启动之后，都是一个 Node.js 进程，这些进程可以在 Node.js 中通过内置模块 process 来访问。process 是一个全局对象，可以通过它来获取 Node.js 进程的标准输入/输出流、操作系统的环境变量以及运行环境的参数等信息。

通过 process.stdin 和 process.stdout 可以实现标准输入/输出的读/写。下面是一个示例：

```
// test.js

process.stdin.on('data', (data) => process.stdout.write('Output:' + data));
```

运行后，在终端输入“test info”，将可以得到相应的输出，如下所示：

```
$ node test.js
test info <--- 手动输入
Output: test info
```

在这里，process 对象表示当前进程。Node.js 中还提供了另一个内置模块 child_process，通过它可以在当前进程下创建一个子进程。我们可以通过这个子进程来提供函数的独立运行环境。

child_process 对象提供了多种创建子进程的函数，包括 exec、execFile 和 fork，实际上其底层都是通过 spawn 来实现的。在这里，我们使用 fork 函数来创建子进程，fork 会在主进程与子进程之间建立一个通信管道，用于实现主进程与子进程间的通信（IPC，Inter-Process Communication）。其函数签名如下：

```
child_process.fork(modulePath[, args][, options])
```

其中，modulePath 表示子模块运行的代码路径；args 表示传入的启动参数；options 表示关于进程的更多高级参数配置，这里暂时不会用到。

在此首先创建一个 master.js 文件。我们通过 fork 方法创建一个子进程 child ，并在主进程中监听其发送给主进程的消息事件：

```
// master.js

const child_process = require('child_process');
```

```
const child = child_process.fork('./child.js');
child.on('message', function(message) {
  console.log('MASTER get message:', message);
});
```

同时，我们再创建一个文件 child.js ，它是子进程的函数代码片段，其功能是向主进程发送一条消息：

```
// child.js

const process = require('process');
process.send('this is a message from child process.');
```

当我们完成 master.js 和 child.js 两个文件的编写后，就可以执行主进程了。如下所示，执行后我们将得到来自子进程的消息：

```
$ node master.js
MASTER get message: this is a message from child process.
```

主进程与子进程间的通信如图 9-1 所示。

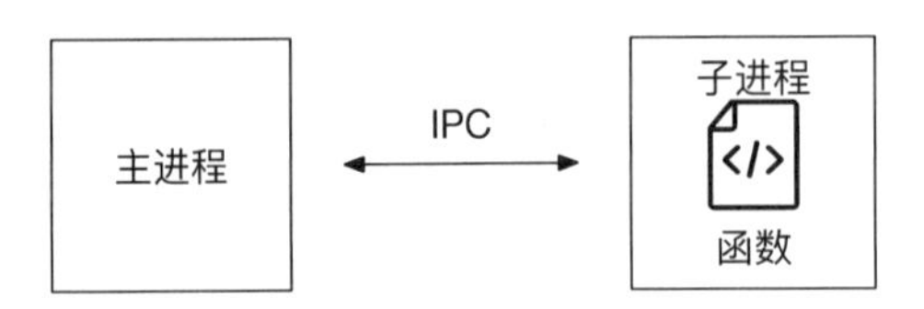

图 9-1　主进程与子进程间的通信

到此，我们就实现了主进程与子进程间的通信。但通常函数来自外部，因此我们应该从外部加载函数代码片段，再将函数代码片段放在子进程中执行，将执行结果返回到主线程，最终返回给调用者。在此，我们创建一个名为 func.js 的文件，用来表示用户的函数代码片段，同时将 master.js 中调用的文件名改为对应的 func.js。其实现代码如下：

```
// master.js
const child_process = require('child_process');
const child = child_process.fork('./func.js');
child.on('message', function(message) {
  console.log('function result:', message);
});

// func.js
process.send({ message: 'function is running.', status: 'ok' });
```

9.1.2　标准函数的执行能力

前面我们实现了从外部文件加载代码片段。但实际上，在 func.js 中的函数与我们所期望的 JavaScript 标准函数定义并不一样，它只是一行代码，并没有函数的定义。并且，它的返回值和普通函数也不相同，它是通过主进程与子进程间的通信来返回的；而标准函数应该直接通过 return 返回。在这里，我们不应该向研发人员暴露不必要的内部实现细节。因此，我们理想中的函数实现如下所示：

```
// func.js

(event, context) => {
  return { message: 'function is running.', status: 'ok' };
}
```

为了使这一函数能够正常执行，并能取得执行结果，我们需要改造子进程的执行逻辑。具体实现方式如下：在子进程中动态地执行这个函数。也就是说，我们需要在子进程中动态地加载函数代码，再执行该函数，最后返回函数的执行结果。

在 JavaScript 中，要动态地执行代码，我们可以通过 eval 函数来进行实现。其示例如下：

```
console.log(eval('2 + 2'));
```

上面这段代码将在标准输出流中得到 2+2 的结果 4。eval 函数不仅可以执行一行代码片段；同样，它也可以执行一个函数。我们先看具体示例：

```
const fn = '() => (2 + 2)';
const fnIIFE = `(${fn})()`;
console.log(eval(fnIIFE));
```

如上代码所示，我们定义了一个名为 fn 的字符串，该字符串的内容是一个标准函数实现。然后，我们将该函数包装成了一个立即调用函数表达式（IIFE，Immediately-Invoked Function Expressions）的字符串，这个函数得以自行执行。这样，在 eval 函数中也就能够运行了。最后，我们将包装好的字符串传入 eval 函数中运行，即可得到相应的结果。

如图 9-2 所示，即我们最后希望得到的基于进程隔离的函数运行环境，它可以动态地执行标准定义的函数代码片段。其具体实现是，通过 master（即主进程）将函数代码从文件中读取出来，并通过进程间通信将该函数代码传递给使用 child_process.fork 创建出来的独立进程 child，child（即子进程）执行后将结果再发送回 master，最后关闭子进程。整体代码如下：

```
// master.js
const fs = require("fs");
const child_process = require('child_process');
const child = child_process.fork('./child.js');
child.on('message', function(data) {
  console.log('Function Result:', data.result);
});
const fn = fs.readFileSync('./func.js', { encoding: 'utf8' });
child.send({ action: 'run', fn });

// child.js
const process = require('process');
process.on('message', function(data) {
  const fnIIFE = `(${data.fn})()`;
  const result = eval(fnIIFE);
  process.send({ result });
  process.exit();
});

// func.js
(event, context) => {
  return { message: 'function is running.', status: 'ok' };
}
```

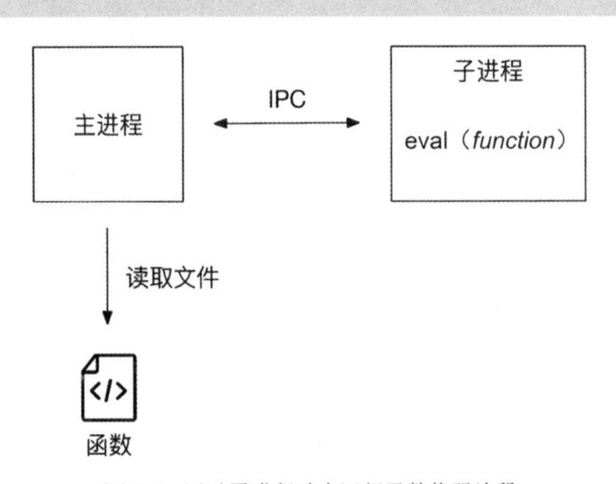

图 9-2　通过子进程动态运行函数代码片段

9.1.3　更安全的执行环境

前面我们虽然通过 eval 函数实现了执行动态代码的能力，但作为一个代码运行环境来说，它并不安全。例如，通过 eval 函数可以访问并且修改 Node.js 当前进程的全局变量。虽然我们使用 child 子进程执行函数，但函数片段仍然能通过修改子进程的全局变量实现同样的攻击。比如我们可以直接修改 process.exit 函数，这使得当前子进程无法正确地退出。如下所示，我们修改了函数文件后，再执行 node master.js，将发现程序无法正确地执行。

```
// func.js

(event, context) => {
  process.exit = () => (console.log('process NOT exit'));
  return { message: 'function is running.', status: 'ok' };
}
```

那么，如何解决这一问题呢？实际上，在 eval 函数中能够访问全局变量的原因在于，它们由同一个执行上下文（Context）创建。如果能让函数代码在单独的上下文中执行，是否就可以避免函数片段污染全局变量了呢？

在 Node.js 的内置模块中，有一个名为 vm 的模块，它提供了基于上下文的沙箱机制，可以创建一个与当前进程无关的沙箱上下文环境。

具体调用方式是，将沙箱内需要使用的外部变量通过 vm.createContext(sandbox) 包装，我们就能得到一个“contextify”化的 sandbox 对象，让函数片段能够在新的上下文中访问。然后，通过 vm.runInContext(code, sandbox) 分别传入函数代码 code 和刚才得到的对象 sandbox ，即可执行对应的代码片段。在此处执行的代码的上下文与当前进程的上下文是相互隔离的，在其中对全局变量的任何修改，都仅对沙箱上下文生效。这样就避免了在函数内部可修改进程的全局变量问题，提高了函数运行环境的安全性。其具体示例如下：

```
const vm = require('vm');

const x = 1;

const sandbox = { x: 2 };
vm.createContext(sandbox);

const code = 'x += 40;';
vm.runInContext(code, sandbox);

console.log(sandbox.x); // 42
console.log(x); // 1
```

回到我们的实现中，我们可以使用 vm 来实现在子进程中执行函数的能力，从而避免在函数中访问并修改当前环境变量的问题。如下代码所示，我们将子进程 child.js 实现修改为通过

vm 来执行函数。由于我们无须在外层访问新的上下文中的对象，因此可以通过 vm.runInNewContext(code) 方法来快速创建一个无参数的新上下文，略过 sandbox 的初始化过程。代码如下：

```
// child.js

const process = require('process');
const vm = require('vm');
process.on('message', function(data) {
  const fnIIFE = `(${data.fn})()`;
  const result = vm.runInNewContext(fnIIFE);
  process.send({ result });
  process.exit();
});
```

这样一来，我们就实现了将函数隔离在沙箱中执行，其流程如图 9-3 所示。

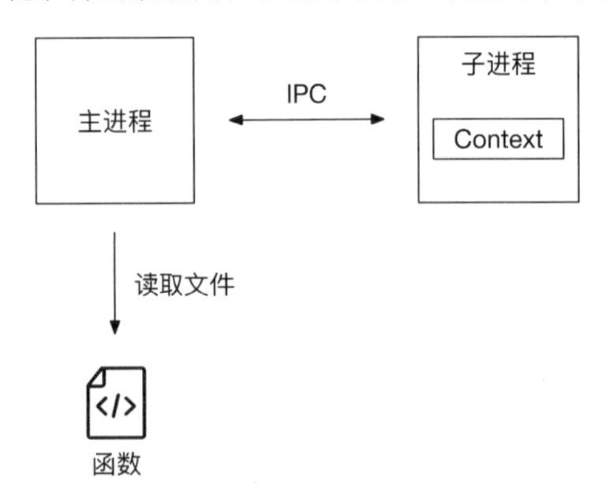

图 9-3　在隔离的沙箱中执行函数

然而，vm 作为沙箱环境真的安全吗？虽然相对于 eval 函数来说，它隔离了当前的上下文环境，提供了比 eval 函数更加封闭的运行环境，但它也并不是绝对安全的。

我们在函数中，可以通过标准 JavaScript API，访问外部进程的上下文，从而突破沙箱的限制。具体示例如下：

```
const vm = require('vm');
vm.runInNewContext('this.constructor.constructor("return process")().exit()');
console.log('Never gets executed.');
```

在上面的代码中，第三行将永远不会被执行。因为在第二行通过 vm 执行的代码中，通过原型链，调用到了主进程的 process.exit 方法，从而在进程运行到第二行时，就将整个程序直接退出。

是什么原因导致这一结果呢？

在沙箱的上下文中，由于在 JavaScript 中，所有对象都是基于原型链实现的，因此上下文中的 this 指向的是当前 Context 对象。而 Context 对象是通过主进程创建的，其构造函数来自主进程的 Object 对象。这样一来，通过 this.constructor 就获得了主进程中的 Object 对象，而我们知道，在原型链上， Object 的构造函数是 Function。因此，通过 this.constructor.constructor 拿到了主进程中的 Function 对象，随后，基于 Function 对象，又创建了一个函数实例，并且在函数的实例中返回了全局变量 process。之后，通过执行 process.exit，最终让主进程退出。

所以，这里的关键原因是 Context 对象暴露了主进程的信息。这样就可以从函数内部访问 Context 外部的上下文，从而导致了预料外的执行结果。那么，我们能否不暴露这些内容呢？如果我们的场景无须向函数传递主进程中的变量，那么这是可以实现的。我们可以通过 Object.create(null)来创建一个构造函数为 undefined 的空对象，让内部无法再访问主进程的 Object 对象，从而可避免出现上述问题，具体示例代码如下：

```
// vm-test.js

const vm = require('vm');
const sandbox = Object.create(null);
vm.createContext(sandbox);
vm.runInContext('this.constructor.constructor("return process")().exit()',
sandbox);
console.log('Never gets executed.');
```

执行上述代码，我们将得到如下结果：

```
node vm-test

undefined:3
return process
^


ReferenceError: process is not defined
    at eval (eval at <anonymous> (evalmachine.<anonymous>:1:18), <anonymous>:3:1)
    at evalmachine.<anonymous>:1:47
    ...
```

在此可以看出，由于我们修改了传入沙箱的对象，不再传入当前进程的上下文，因此在沙箱中无法访问外部上下文，this.constructor.constructor 最终得到的是 undefined，从而得到上述报错信息。

但这仅仅解决了 vm 的一个问题，实际上还有很多方法可以实现沙箱函数的逃逸。因此，在 Node.js 的官方文档中，对 vm 有一段声明，表示不能通过它运行不受信任的函数代码：

> vm 模块是不安全的，请不要使用它来运行不受信任的代码。

不过值得庆幸的是，在开源社区有人在尝试解决这个问题。其中一个解决方案就是采用 vm2 模块（参见链接 11），vm2 模块是通过 Proxy 特性对内部变量进行封装的。这使得隔离的沙箱环境可以运行不受信任的脚本。

我们通过以下命令即可安装 vm2：

```
$ npm install vm2
```

vm2 安装完成后可直接使用，其调用方式与 vm 模块类似：

```
const { VM } = require('vm2');
new VM().run('this.constructor.constructor("return process")().exit()');
// Throws ReferenceError: process is not defined
```

通过将之前的函数改为 vm2 运行，我们的函数将无法再访问外层上下文。正如之前所说，沙箱函数有多种逃逸方式。这里介绍的 vm2 防护示例，只是其多种防护手段中的一种。欲了解沙箱函数更多安全防护能力的读者可以阅读该开源项目的相关说明，这里不再赘述。这里只需要了解，它是一种比 Node.js 内置模块 vm 更加安全的沙箱运行环境即可。

因此，最终我们采用 vm2 来实现函数沙箱运行环境，只需对 child.js 稍加修改即可，具体实现如下：

```
// master.js
const fs = require("fs");
const child_process = require('child_process');
const child = child_process.fork('./child.js');
child.on('message', function(data) {
  console.log('Function Result:', data.result);
});
const fn = fs.readFileSync('./func.js', { encoding: 'utf8' });
child.send({ action: 'run', fn });
```

```
// child.js
const process = require('process');
const { VM } = require('vm2');
process.on('message', function(data) {
  const fnIIFE = `(${data.fn})()`;
  const result = new VM().run(fnIIFE);
  process.send({ result });
  process.exit();
});

// func.js
(event, context) => {
  return { message: 'function is running.', status: 'ok' };
}
```

9.1.4　增加 HTTP 服务

在实现核心的函数运行环境后，我们为了让函数能够对外提供服务，还需要提供一个 Web API 能力。这个能力使得服务可以根据用户的不同请求路径，动态执行对应的函数代码，并将其结果返回给客户端。

这里，我们使用在 Node.js 中最为主流的 Web 应用框架 Koa 来提供服务。

Koa 的实现和使用都十分简练、优雅，并且高度开放，它旨在成为一个更小、更富有表现力且更健壮的 Web 框架。与 Express 不同，Koa 并没有捆绑任何中间件，而是提供了一套轻量化的插件体系代替 Express 的内置能力。Koa 最终让开发者可快速并且愉快地编写服务端应用程序。

我们通过以下命令，可以完成 Koa 的安装：

```
$ npm install koa
```

对于使用过 Koa 的读者来说，这并不陌生。如下示例，我们通过几行代码，就可以创建一个基于 Koa 的 HTTP 服务：

```
const Koa = require('koa');

// 实例化一个 Koa 对象
const app = new Koa();

// 对于用户请求，将返回响应"Hello World! "
```

```
app.use(async ctx => ctx.response.body = 'Hello World!');

// 监听 3000 端口
app.listen(3000);
```

运行上述代码后，我们通过 http://localhost:3000/ 访问 Web 服务，浏览器将返回 Hello World! ，即表示服务运行成功。

为了能够让 Web 服务响应并执行我们的函数，我们需要通过 Koa 的内置方法 app.use 来注册一个异步函数。在该异步函数中，我们将服务的返回对象 ctx.response.body 绑定到 run 函数上。这里的 ctx 表示一个 HTTP 请求的上下文（Context）信息。在上下文信息中，包含两个重要对象，即 request 和 response ，分别表示该次请求的请求内容和响应内容。

因此，我们在将响应内容的 body 绑定到 run 函数后，即可在浏览器中看到 run 函数的执行结果。而 run 函数，则是我们在 9.1.3 节中实现的 child 函数代码片段执行的封装。

最终的 master.js 代码如下所示，我们增加了通过 Web 请求执行函数的能力。

```
//master.js

const fs = require("fs");
const child_process = require('child_process');
const Koa = require('koa');

const app = new Koa();
app.use(async ctx => ctx.response.body = await run());
app.listen(3000);

// 执行函数并返回执行结果
async function run() {
  return new Promise(resolve => {
    const child = child_process.fork('./child.js');
    child.on('message', resolve);
    const fn = fs.readFileSync('./func.js', { encoding: 'utf8' });
    child.send({ action: 'run', fn });
  });
}
```

在这个 run 函数中，由于 Koa 的处理函数要求是一个异步类型的函数，因此我们将之前的函数执行逻辑封装在一个 Promise 对象中。当子进程向主进程发送函数执行结果后，将触发主进程监听回调，再通过 Promise.resolve 返回函数结果。用户请求通过 HTTP 触发函数的流程如图 9-4 所示。

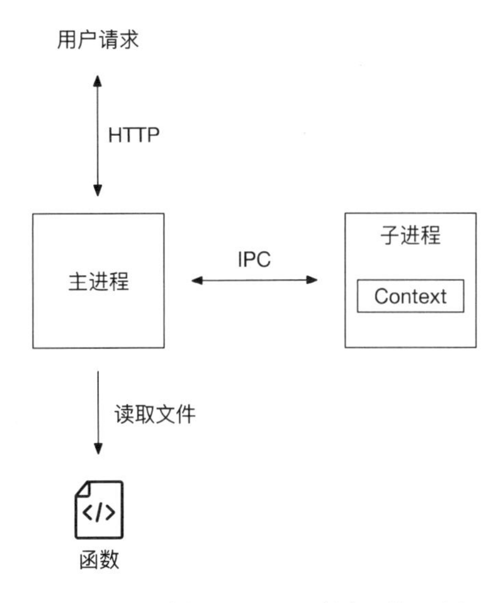

图 9-4　用户请求通过 HTTP 触发函数的流程

由于我们提供的是一个函数运行环境，可能存在多个不同的函数，因此我们需要再提供一个路由机制来支持不同函数的分发，以便通过不同的请求执行不同的函数。我们首先添加一个文件 func2.js，用来表示另一个示例函数。为了简单起见，它将直接返回函数对应的名称，其内容如下：

```
// func2.js

(event, context) => {
  return { name: 'func2' };
}
```

这样一来，我们就有了两个函数：func.js 和 func2.js。我们希望当用户请求路径为 /func 和 /func2 时，能够执行对应的函数。同时，当用户访问其他路径时，提示用户需要执行的函数不存在。在前面我们介绍过，在 Koa 中是通过 ctx 对象传递请求中的上下文的。所以，若要获取用户的请求路径，则可以通过 ctx.request.path 得到相关信息。最后我们将请求路径作为函数的文件路径进行查询并执行，最终的 master.js 代码如下：

```
// master.js
```

```
const fs = require("fs");
const child_process = require('child_process');
const Koa = require('koa');

const app = new Koa();
app.use(async ctx => ctx.response.body = await run(ctx.request.path));
app.listen(3000);

async function run(path) {
  return new Promise((resolve, reject) => {
    const child = child_process.fork('./child.js');
    child.on('message', resolve);
    try {
      const fn = fs.readFileSync(`./${path}.js`, { encoding: 'utf8' });
      child.send({ action: 'run', fn });
    } catch (e) {
      if (e.code === 'ENOENT') {
        return resolve("Not Found Function");
      }
      return reject(e.toString());
    }
  });
}
```

至此，我们就完成了一个最简单的进程隔离 FaaS 方案，其提供了动态加载函数文件并执行的能力。当一个请求到来时，可以根据用户的请求地址，路由到对应的函数文件中。

需要注意的是，该方案还不能在生产环境中使用。它仍然存在一些安全、性能及可用性方面的问题，还需要进一步优化和完善，之后才能在生产环境中应用。

下面我们将在此基础上实现一些增强能力，以提高函数运行环境的安全性，以及函数自身的执行效率。

9.2 进阶挑战

FaaS 并不是简单地能够实现函数动态执行的能力就可以了。我们还有大量的问题需要解决。只有解决了这些问题，服务才能在生产环境中长期稳定地运行。这些问题包括服务的吞吐性能、安全性、稳定性、开发效率等多个方面。下面我们将具体介绍这些方面的问题。

9.2.1　提升性能：通过进程池管理子进程的生命周期

在前面实现的方案中，针对每一个用户请求，都将会创建一个子进程来执行对应的函数。我们的函数实际是在子进程中新创建的上下文中执行的，其运行并不会污染子进程自身。但是，对于系统来说，进程的创建和销毁是一笔不小的开销。当有较大并发请求量时，过多的进程也可能直接导致系统崩溃，影响系统的稳定性。因此，我们应当考虑对子进程进行复用，以提高系统的性能和稳定性。

若要复用子进程，则需要引入一个新的概念：进程池。如图 9-5 所示，进程池指的是通过事先初始化并维护一批进程，让这批进程运行相同的代码，等待着执行被分配的任务，执行完成后不会退出，而是继续等待新的任务。同时，进程池在调度时，通常还会通过某种算法（如最简单的随机算法）来实现多个进程间任务分配的负载均衡。这样一来， 当主进程向进程池中的某个进程分配任务时，相比于动态创建新的子进程，这将有效降低初始化的成本，提高任务的执行效率。

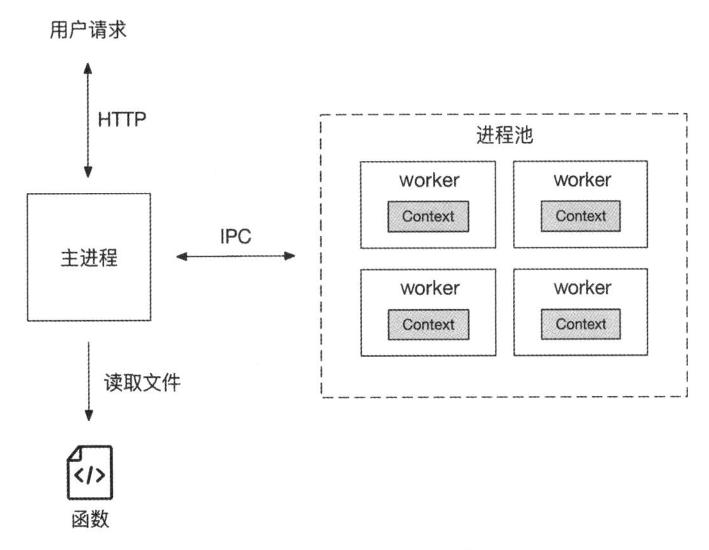

图 9-5　通过进程池管理子进程

在 Node.js 中，我们可以通过之前的 child_process.fork 创建并维护多个子进程来实现进程池的功能，但更便捷和更可靠的方式是使用在 Node.js v0.8 中引入的模块 cluster。cluster 是对 child_process 模块的一层封装。它是一种多进程管理的解决方案。通过它，我们可以创建（看起来是）共享服务器同一端口的子进程。

下面是 cluster 的官方示例。

可以看到与 child_process.fork 不同的是，cluster 内部直接封装了主进程和子进程的逻辑。因此，无论是主进程还是子进程，它们都是同一份代码，我们只需要通过 cluster.isMaster 就能判断当前进程是主进程还是子进程，从而执行不同的逻辑。

如下面的代码所示，主进程和子进程通过 cluster.isMaster 来判断。若是主进程，则创建与当前系统 CPU 数量相当的子进程，并监听子进程的状态；若是子进程，则创建一个 HTTP 服务并监听指定端口，等待相应用户的请求：

```
const cluster = require('cluster');
const http = require('http');
const numCPUs = require('os').cpus().length;

if (cluster.isMaster) {
  console.log(`Master ${process.pid} is running`);

  // Fork workers.
  for (let i = 0; i < numCPUs; i++) {
    cluster.fork();
  }

  cluster.on('exit', (worker, code, signal) => {
    console.log(`worker ${worker.process.pid} died`);
  });
} else {
  http.createServer((req, res) => {
    res.writeHead(200);
    res.end('hello world\n');
  }).listen(8000);

  console.log(`Worker ${process.pid} started`);
}
```

然而我们知道，在操作系统中，是不允许在多个进程中监听一个端口的。如下所示，假如我们将之前实现的 master.js 多次启动，将得到 Error: listen EADDRINUSE 的错误信息，告诉我们端口已被使用：

```
$ node master.js &
[1] 86710
$ node master.js
```

```
events.js:187
      throw er; // Unhandled 'error' event
      ^

Error: listen EADDRINUSE: address already in use :::3000
    at Server.setupListenHandle [as _listen2] (net.js:1300:14)
    at listenInCluster (net.js:1348:12)
    at Server.listen (net.js:1436:7)
    at Application.listen
(/Users/Zack/test/node_modules/koa/lib/application.js:80:19)
    at Object.<anonymous> (/Users/Zack/test/master.js:7:5)
```

那么，Node.js 的 cluster 为什么能实现多进程共享端口呢？我们通过查看 cluster 以及 net 模块的源来一探究竟。

在 net 模块中的关键方法就是 listen。listen 可用来让当前进程监听指定的端口。但如果当前进程是 cluster 的子进程，则存在一个特殊处理逻辑。

简单来说就是，当代码调用 listen 方法后，它会判断自己是否在 cluster 的子进程状态下，如果当前进程是子进程，则会向主进程发送消息，告诉主进程需要监听指定端口。当主进程收到消息后，会判断子进程要求监听的端口是否已经被监听，如果该端口没有被监听，则通过端口绑定实现监听。随后，再将子进程加入一个 worker 队列，表明该子进程可以处理来自该端口的请求。

这样一来，当有新的请求进入时，实际上仍然是主进程负责监听，然后将请求分发给 worker 队列中的子进程，分发的算法采用了常见的 Round Robin 算法，即轮流处理制。另外，开发者还可以通过环境变量 NODE_CLUSTER_SCHED_POLICY 或通过配置 cluster.schedulingPolicy 来指定其他的负载均衡算法。

也就是说，多个子进程并没有监听同一个端口，而是让主进程进行“代理”。cluster 模块帮助我们封装了代理逻辑、子进程管理以及负载均衡算法的功能，因此我们可以更容易地实现对进程池的管理。

现在，回到代码实现上。由于可以直接通过代码判断当前进程，因此我们就不再需要 child.js 文件来单独管理子线程的工作了。如下所示，通过 cluster.isMaster 判断当前进程：若当前进程是主进程，则启动子进程；若当前进程是子进程，则启动 HTTP 服务将响应处理函数绑定到函数执行的 run 函数上：

```
if (cluster.isMaster) {
  // 主进程根据 CPU 核心数启动对应的子进程
  for (let i = 0; i < numCPUs; i++) {
    cluster.fork();
  }
} else {
  // 在子进程中启动 HTTP 服务实例
  const app = new Koa();
  app.use(async ctx => ctx.response.body = await run(ctx.request.path));
  app.listen(3000);
}
```

同时由于已经在子线程中执行了 run 函数，因此也无须单独创建子线程并通过消息进行管理，现在可以在 run 函数中直接执行函数片段并返回给请求方：

```
// 根据路径执行函数
async function run(path) {
  try {
    const fn = fs.readFileSync(`./${path}.js`, { encoding: 'utf8' });
    const fnIIFE = `(${fn})()`;
    return new VM().run(fnIIFE);
  } catch (e) {
    if (e.code === 'ENOENT') {
      return "Not Found Function";
    }
    return e;
  }
}
```

最终，我们实现了一个基于 cluster 的多进程管理方案，最终代码如下：

```
// cluster.js

const cluster = require('cluster');
const fs = require("fs");
const numCPUs = require('os').cpus().length;
const Koa = require('koa');
const { VM } = require('vm2');

if (cluster.isMaster) {
  // 主进程根据 CPU 核心数启动对应的子进程
  for (let i = 0; i < numCPUs; i++) {
    cluster.fork();
  }
```

```
} else {
  // 在子进程中启动 HTTP 服务实例
  const app = new Koa();
  app.use(async ctx => ctx.response.body = await run(ctx.request.path));
  app.listen(3000);
}

// 根据路径执行函数
async function run(path) {
  try {
    const fn = fs.readFileSync(`./${path}.js`, { encoding: 'utf8' });
    const fnIIFE = `(${fn})()`;
    return new VM().run(fnIIFE);
  } catch (e) {
    if (e.code === 'ENOENT') {
      return "Not Found Function";
    }
    return e.toString();
  }
}
```

9.2.2　增强安全性：限制函数的执行时间

为了提高函数运行环境的整体安全性，在前面的多线程方案中，我们在使用了 vm2 来执行函数的同时，还在外层增加了异常捕获功能，以防止由于函数执行错误而导致的子进程意外退出。

但是，我们并没有考虑死循环的情况。当用户编写了如下的一个死循环函数，并且多次请求后，该函数的死循环将导致系统的 CPU 资源耗尽，从而让服务无法响应其他请求。比如下面这个 func-endless-loop 函数，就是一个死循环函数示例：

```
// func-endless-loop.js

// 死循环函数
(event, context) => {
  while (1) {}
}
```

由于我们无法保障研发人员的函数不出现死循环的情况，因此，为了提高整体服务的稳定性，针对该问题我们只能从函数的外层进行控制。可以通过限制函数的最大执行时间，达到控制死循环无限消耗资源的问题。也就是说，当函数超过我们预定的时间仍然没有返回时，我们将直接结束该函数的执行，同时告诉用户该函数的调用超时。

Node.js 内置模块 vm 在执行函数时，可以提供额外的参数 options.timeout，允许指定函数所能够执行的时长。如果超过这一时间，将立即抛出一个错误。示例如下：

```
// test-vm-timeout.js

const vm = require('vm');

function loop() {
  while (1) console.log(Date.now());
}

vm.runInNewContext(
  'loop();',
  { loop, console },
  { timeout: 5000 },
);
```

在上面的代码中，我们通过参数，将函数的执行时间限制在 5s 内。由于函数自身为死循环，因此在运行上述代码后，将持续输出 5s 的当前时间，随后得到一个函数执行超时的错误信息：

```
$ node test-vm-timeout

vm.js:127
return super.runInContext(contextifiedSandbox, ...args);
                ^

Error: Script execution timed out after 5000ms
    at Script.runInContext (vm.js:127:20)
    at Script.runInNewContext (vm.js:133:17)
    at Object.runInNewContext (vm.js:299:38)
    at Object.<anonymous> (/Users/Zack/test/test-loop-timeout.js:7:4)
    at Module._compile (internal/modules/cjs/loader.js:956:30)
    at Object.Module._extensions..js (internal/modules/cjs/loader.js:973:10)
    at Module.load (internal/modules/cjs/loader.js:812:32)
    at Function.Module._load (internal/modules/cjs/loader.js:724:14)
    at Function.Module.runMain (internal/modules/cjs/loader.js:1025:10)
    at internal/main/run_main_module.js:17:11 {
  code: 'ERR_SCRIPT_EXECUTION_TIMEOUT'
}
```

由于开源项目 vm2 实际上也是基于 vm 实现的，因此我们可以在 vm2 中使用和 vm 相同的能力。只需对 cluster.js 稍加改动，即可实现限制函数运行时长的能力。

```
// 增加时长为 5s 的函数运行时间限制
return new VM({ timeout: 5000 }).run(fnIIFE);
```

然而，这仅仅解决了同步死循环的问题；而在 JavaScript 中，更常见的是函数的异步调用问题。

在 JavaScript 的内部实现中，异步调用是通过事件循环（Event Loop）机制来管理的。事件循环机制管理着两个任务队列，即宏任务（Macro Task）和微任务（Micro Task）。事件循环机制如下：在 CPU 空闲时，不断取出微任务队列中的任务进行执行，直到清空微任务队列。随后取出宏任务中的一个任务进行执行，执行完成后将回到前一流程。

正因为这样的机制，所以在同一个上下文中，微任务的优先级高于宏任务的优先级。也就是说，当一直有微任务存在时，宏任务是不会执行的。那么在 JavaScript 中，哪些任务属于宏任务，哪些任务又属于微任务呢？根据官方文档介绍，微任务包含 process.nextTick、queueMicrotask、Promise、MutationObserver 等，而宏任务包含 setTimeout、setInterval、setImmediate 及 I/O 操作等。

事件循环机制和我们前面提到的 vm 的时间限制有什么关系呢？

在 vm 的内部实现中，运行超时机制其实是基于 setTimeout 来实现的，这是一个宏任务。结合上面队列的优先级问题，这就带来了一个问题：如果我们在函数中，编写一个在微任务中执行的死循环代码，那么函数是否就无法结束了？我们可以通过下面的示例代码实际验证一下：

```
const vm = require('vm');

function loop() {
  while (1) console.log(Date.now());
}

// 基于 Promise 的微任务死循环
vm.runInNewContext(
  'Promise.resolve().then(loop);',
  { loop, console },
  { timeout: 5000 }
);
```

上述代码将永远无法出现超时错误，也永远不会被终止运行。除 Promise 外，使用

process.nextTick 和 queueMicrotask 也可以达到同样的效果。

因此，为了解决这一问题，我们并不能单纯地依赖 vm 提供的超时机制，这里我们需要通过主进程来限制子进程。由于在 cluster 模块中并没有直接的钩子可以让我们方便地在 master 中实现计时器逻辑，因此需要换一种方式达到这一目的。这里由于篇幅所限，我们就不具体实现了，读者可自行探索。下面简要说明一下两种实现思路。

第一种方式是，在仍然使用 cluster 模块的情况下，我们可以重写任务分发算法。在 Round Robin 算法的基础上，增加计时器逻辑。当有新请求需要分发之前，记录当前时间，并设置一个超时计时器。若在限定时间后，函数仍然没有返回，则直接返回超时并结束子进程的生命周期，重新启动新的子进程。

第二种方式是，考虑放弃使用 cluster 模块。在进程间通信的方案中，我们可以实现类似功能，通过计时器控制子进程实现该功能。但这样一来，由于没有使用 cluster 模块，因此我们需要自行实现进程池的管理逻辑。

9.2.3 确保稳定性：对函数资源进行限制

限制函数的执行时间，可以防止函数因为恶意或意外等原因，耗尽系统的 CPU 资源，导致服务无法再响应其他正常请求。我们考虑下面这种情况：一位开发者因为疏忽，编写了一个在某种情况下会出现死循环的函数，但在该函数上线之初由于未达到其触发条件，因此并没有导致问题的出现。运行一段时间后，该函数有了越来越多的调用。如果这时候达到了死循环的触发条件，那么所有的正常请求，都将使一个 CPU 核心满负荷运行 5 秒（假设函数的最长运行时间设置为 5 秒）。如果我们的请求量超过了服务器的处理能力，服务器资源就会被耗尽，更多的请求将会排队，这最终导致服务器无法正常地提供服务。

除了 CPU 外，内存（过高的内存占用）以及磁盘（过多的磁盘 I/O 请求）资源都可能出现类似问题。因此，如果我们希望进一步提高系统的稳定性，则需要更加严格地对系统资源进行控制。

为了解决这一问题，我们可以使用 Linux 中提供的 CGroup（Control Groups，控制组群）能力。它是 Linux 内核中的一个核心功能，提供了将不同进程按分组进行管理的能力，并且能对不同的分组限制其所能使用的计算资源（如 CPU、内存、磁盘 I/O 等）。我们在前面提到的虚拟化（如虚拟机）以及容器化（如 Docker）等技术，都是通过 CGroup 来对计算资源进行隔离的。

CGroup 主要提供以下几种能力：

◎ 对资源的限制（Resource Limitation）：限制进程不超过设定的内存以及虚拟内存。
◎ 对优先级的限制（Prioritization）：允许部分进程使用更多的 CPU 或磁盘 I/O 资源。
◎ 结算（Accounting）：允许度量系统实际使用了多少资源。
◎ 控制（Accounting）：挂起或恢复进程。

在上面的功能中，对资源和优先级的限制是我们所需要的。我们可以通过限制用来执行函数的子进程所能消耗的最大内存、磁盘及网络带宽，同时控制进程所能使用的最大 CPU 占用率等方式来保障整个系统的稳定运行。

了解了 CGroup 的作用之后，我们还需要了解一下它的基本概念。

CGroup 的概念主要包含以下四部分：

◎ 任务（Tasks）：即应用程序进程。
◎ 控制组（Control Group）：一个控制组即一个进程分组。我们可以创建任意一个控制组，并将任意一个进程加入该控制组中。这是 CGroup 资源管理的最小节点。
◎ 层级（Hierarchy）：层级可以被理解为由控制组组成的一个树状结构，它使得作为子节点的控制组将继承父节点的属性配置。
◎ 子系统（Subsystem）：子系统提供了对计算资源进行限制的能力。一个子系统就是一个资源控制器。在 Linux 中，一共有 12 种（如 CPU、内存、磁盘）不同的子系统实现，每个子系统可以附加到一个层级上。通过绑定，我们可以限制不同控制组的计算资源。

图 9-6 展示了 CGroup 的整体架构图。从图 9-6 中可以看出，CGroup 的控制是通过文件系统配置的，具体路径是 /sys/fs/cgroup，每一个层级是一个文件夹，它们都与某一个子系统进行绑定。在层级下面又包含了各个控制组，控制组以树状结构进行组织，不同的控制组中关联了不同的任务组，一个任务组允许关联多个控制组，从而最终实现了对不同的计算资源进行限制的目的。

了解了 CGroup 的基本概念后，我们再来看一下其配置信息是如何保存的。前面我们已经提到，CGroup 是基于文件系统实现的，而文件系统则是通过 mount 进行挂载的。因此，我们可以通过 mount 命令查询当前已配置的子系统。

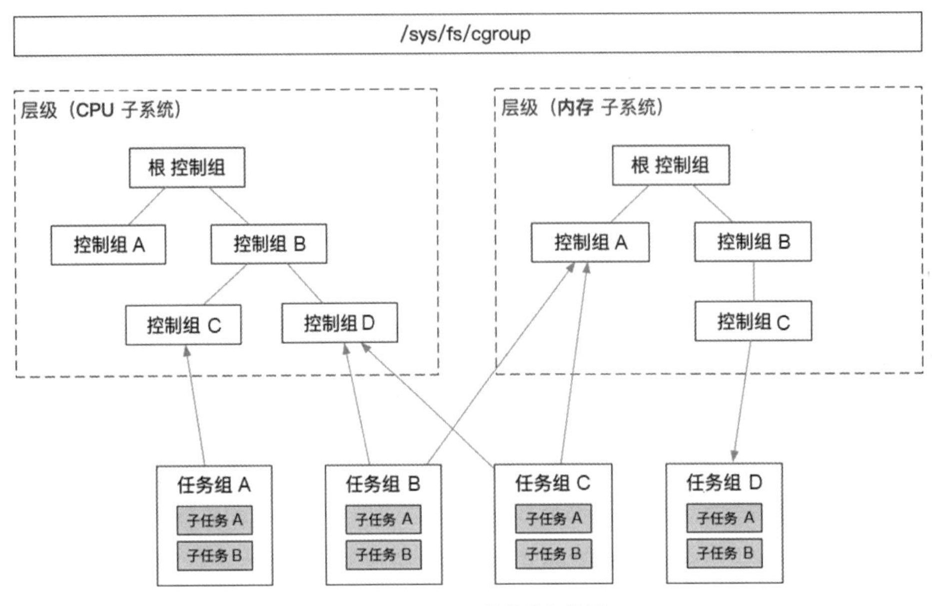

图 9-6 CGroup 的整体架构图

由于 CGroup 是在 Linux 内核中实现的，因此仅支持 Linux 及相关发行版。本节内容均在 Ubuntu 19.10 中进行了实际操作。

```
$ mount -t cgroup

cgroup on /sys/fs/cgroup/systemd type cgroup
(rw,nosuid,nodev,noexec,relatime,xattr,name=systemd)
cgroup on /sys/fs/cgroup/devices type cgroup
(rw,nosuid,nodev,noexec,relatime,devices)
cgroup on /sys/fs/cgroup/cpu,cpuacct type cgroup
(rw,nosuid,nodev,noexec,relatime,cpu,cpuacct)
cgroup on /sys/fs/cgroup/net_cls,net_prio type cgroup
(rw,nosuid,nodev,noexec,relatime,net_cls,net_prio)
cgroup on /sys/fs/cgroup/perf_event type cgroup
(rw,nosuid,nodev,noexec,relatime,perf_event)
cgroup on /sys/fs/cgroup/cpuset type cgroup
(rw,nosuid,nodev,noexec,relatime,cpuset)
cgroup on /sys/fs/cgroup/blkio type cgroup
(rw,nosuid,nodev,noexec,relatime,blkio)
cgroup on /sys/fs/cgroup/rdma type cgroup (rw,nosuid,nodev,noexec,relatime,rdma)
cgroup on /sys/fs/cgroup/freezer type cgroup
(rw,nosuid,nodev,noexec,relatime,freezer)
cgroup on /sys/fs/cgroup/hugetlb type cgroup
```

```
(rw,nosuid,nodev,noexec,relatime,hugetlb)
cgroup on /sys/fs/cgroup/memory type cgroup
(rw,nosuid,nodev,noexec,relatime,memory)
cgroup on /sys/fs/cgroup/pids type cgroup
(rw,nosuid,nodev,noexec,relatime,pids)
```

在此我们可以看到一共有 12 种不同的子系统，如 cpu、cpuset、cpuacct、memory、devices 等，它们分别对应了 12 种不同的计算资源。不过，不同的 Linux 发行版可能会有不同的默认创建的子系统。Linux 的部分发行版可能并没有默认创建的子系统，因此我们需要手动创建这些目录。不过，在 Ubuntu 的发行版中，默认已经创建了这些子系统。

由于不同的系统对于子系统的支持类型也可能不同，因此在手动附加前，我们需要查询当前系统支持哪些子系统。对于当前系统所支持的子系统类型，保存在文件系统的 /proc/cgroups 文件中。我们可以通过如下命令来查询当前系统支持哪些子系统：

```
$ cat /proc/cgroups

#subsys_name      hierarchy     num_cgroups     enabled
cpuset            6             1               1
cpu               3             1               1
cpuacct           3             1               1
blkio             7             1               1
memory            11            105             1
devices           2             96              1
freezer           9             1               1
net_cls           4             1               1
perf_event        5             1               1
net_prio          4             1               1
hugetlb           10            1               1
pids              12            102             1
rdma              8             1               1
```

这一文件保存了 CGroup 的相关信息：

◎ subsys_name 表示子系统的名称。

◎ hierarchy 是子系统所关联的层级 ID。多个子系统允许管理到同一个层级上，如上述 cpu 与 cpuacct 即关联在同一个层级。

◎ num_cgroups 表示子系统中进程组的数量。

◎ enabled 表示该子系统是否启用，1 为开启，0 为关闭。

通过查询当前系统支持哪些子系统，我们即可通过命令，将子系统附加到一个层级上。通过以下命令可将一个 cpu 子系统附加到对应的层级上：

```
mkdir /sys/fs/cgroup/cpu
mount -t cgroup -o cpu cpu /sys/fs/cgroup/cpu
```

介绍完上述内容后，我们即可开始设置针对子进程的限额。从前面的内容可知，如果期望限制子线程中函数运行的 CPU 和内存资源，则需要创建一个控制组，完成相关资源限制的配置，最后将子进程加入控制组中。

我们以 CPU 限制举例。

我们首先在对应的 CPU 子系统中创建一个名为 nodejs_worker 的控制组：

```
$ cd /sys/fs/cgroup/cpu
$ sudo mkdir nodejs_worker
```

随后我们可以看到，目录创建完成后，系统将自动初始化一系列文件，其内容如下：

```
$ ll /sys/fs/cgroup/cpu/nodejs_worker

total 0
drwxr-xr-x 2 root root 0 Jan  5 18:05 ./
dr-xr-xr-x 3 root root 0 Jan  5 15:07 ../
-rw-r--r-- 1 root root 0 Jan  5 18:05 cgroup.clone_children
-rw-r--r-- 1 root root 0 Jan  5 18:05 cgroup.procs
-r--r--r-- 1 root root 0 Jan  5 18:05 cpuacct.stat
-rw-r--r-- 1 root root 0 Jan  5 18:05 cpuacct.usage
-r--r--r-- 1 root root 0 Jan  5 18:05 cpuacct.usage_all
-r--r--r-- 1 root root 0 Jan  5 18:05 cpuacct.usage_percpu
-r--r--r-- 1 root root 0 Jan  5 18:05 cpuacct.usage_percpu_sys
-r--r--r-- 1 root root 0 Jan  5 18:05 cpuacct.usage_percpu_user
-r--r--r-- 1 root root 0 Jan  5 18:05 cpuacct.usage_sys
-r--r--r-- 1 root root 0 Jan  5 18:05 cpuacct.usage_user
-rw-r--r-- 1 root root 0 Jan  5 18:05 cpu.cfs_period_us
-rw-r--r-- 1 root root 0 Jan  5 18:05 cpu.cfs_quota_us
-rw-r--r-- 1 root root 0 Jan  5 18:05 cpu.shares
-r--r--r-- 1 root root 0 Jan  5 18:05 cpu.stat
-rw-r--r-- 1 root root 0 Jan  5 18:05 notify_on_release
-rw-r--r-- 1 root root 0 Jan  5 18:05 tasks
```

我们需要使用的两个文件为 cpu.cfs_period_us 和 cpu.cfs_quota_us，前者用来配置限额的时间周期，后者用来配置当前控制组在一个周期内所能使用的 CPU 时间，文件名中的 us 表示时间单位为微秒。

如果我们期望一个子进程最多占用 20% 的 CPU 资源，则可以进行如下配置：

```
$ echo 1000000 > /sys/fs/cgroup/cpu/nodejs_worker/cpu.cfs_period_us
$ echo 200000 > /sys/fs/cgroup/cpu/nodejs_worker/cpu.cfs_quota_us
```

随后，我们使用 Node.js 编写一个用于测试的代码片段，并启动它：

```
// cgroup-test.js
for(;;) {}
```

在另一个终端中，我们可以通过 top 命令观察其 CPU 占用率，在此可以看到其 CPU 占用率为 100%：

```
$ top
  PID USER      PR  NI    VIRT    RES    SHR S  %CPU  %MEM     TIME+ COMMAND
 6093 root      20   0  572736  34264  24924 R 100.0   3.4   0:19.78 node
```

由于 CGroup 中的任务（Task）是通过 PID 进行管理的，因此我们需要将该进程对应的 PID 加入任务中。通过 top 命令，我们可以查询到对应进程的 PID，这里示例中的 PID 是 6093。通过下面的命令，将 PID 信息加入任务中：

```
$ echo 6093 > /sys/fs/cgroup/cpu/nodejs_worker/tasks
```

最后，我们通过 top 命令观察 CPU 的占用情况，可以看到对应的 node 进程的 CPU 占用率已低于 20%。

```
$ top
  PID USER      PR  NI    VIRT    RES    SHR S  %CPU  %MEM     TIME+ COMMAND
 6093 root      20   0  572736  34264  24924 R  19.9   3.4   1:27.25 node
```

这样，我们对 CPU 的限额就实现了。内存、磁盘等也可以做相应的限制，这里不再赘述。

在了解了如何使用 CGroup 对函数进行限额后，我们便可以对框架代码进行改造了。具体实现留待读者自行探索。这里介绍一下对框架代码进行改造的思路：Node.js 子进程是通过主进程启动的，因此每次的 PID 都是随机分配的，我们需要在子进程中通过 process.pid 获取相应的值。然后将 PID 信息写入 CGgroup 的 tasks 文件中。最终，通过 CGroup 限制函数资源的架构如图 9-7 所示。

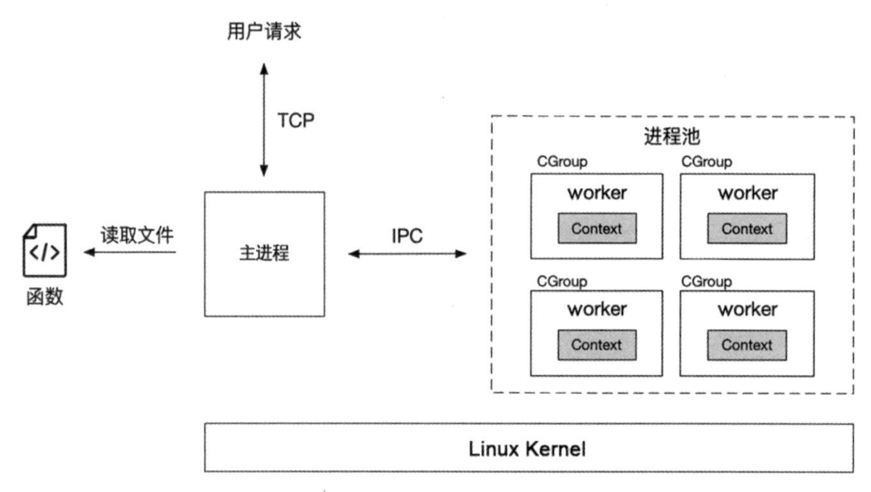

图 9-7 通过 CGroup 限制函数资源的架构

9.2.4 提高效率：内置前端常用服务

前面介绍了各种优化措施，但都是针对 FaaS 的基础函数能力的。在日常开发中，仅有一个 FaaS 函数容器实际上并不能很好地提升我们的研发效率。更进一步，如图 9-8 所示，我们需要包装前端所需的各种后端服务，让开发者能直接在 FaaS 中（甚至直接在客户端）调用它们。比如文件上传、用户鉴权、缓存管理等，这些服务被称为 BaaS 服务。我们不希望每一个使用 FaaS 的研发人员都自己去实现（或者集成）这些服务，这些服务应该是已准备好可随时被开发者调用的。只有这样，研发人员才能达到最大的研发效率。

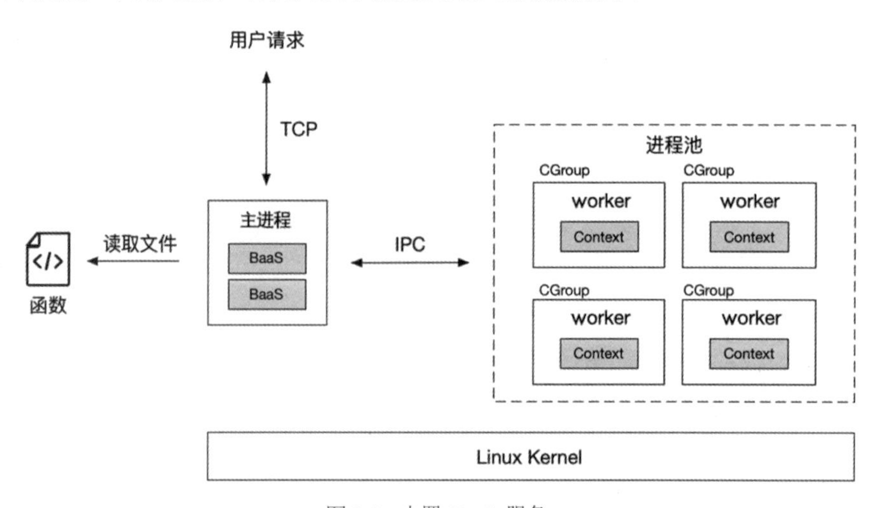

图 9-8 内置 BaaS 服务

因此，为了能在函数中调用这些服务，我们需要将其封装为方法，并传递到函数的上下文中。通过 vm2 的 sandbox 参数，我们就可以十分方便地传递方法。

这里，我们以一个较简单的缓存服务为例。这个示例提供了 get 和 set 两个方法分别用于获取和保存缓存，其实现如下：

```
const cache = {};

function get(key) {
  return cache[key];
}

function set(key, value) {
  cache[key] = value;
}
```

如果希望在函数中调用 get 和 set 这两个方法，我们只需在 vm2 实例化的过程中，将其作为 sandbox 的属性传入即可。另外需要注意的是，我们最好将需要传入的方法声明为只读对象，以防止用户在函数中有意或无意地修改了传入方法的实现。

```
new VM({ sandbox: { get, set }, timeout: 5000 }).run(fnIIFE);
```

最后，我们就可以在函数中使用该方法了，示例如下：

```
// func-baas-test.js

(event, context) => {
  set('main', 'cache content.');
  return get('main');
}
```

这样，我们就实现了一个可以在实例中缓存状态的能力。需要注意的是，这个示例只是为了演示如何让函数能够调用外部方法，并不能用于生产环境。如果要在生产环境中使用这一能力，我们应该使用 Redis 之类的内存数据库来保存缓存数据。

除缓存能力外，随着业务的发展，我们还需要不断地扩展更多的 BaaS 能力，以便于开发者能以较低的成本实现业务目标。

本章小结

在本章中，我们学习了如何从零开始搭建一个函数的运行环境。通过对本章的学习，我们已经更深入地理解了 FaaS 的运转机制。我们了解了如何通过 CGroup 来限制函数的计算资源。虽然云计算供应商的 FaaS 产品几乎都是用 Docker 实现的，但它们对计算资源的限制方式是相同的。

最后，我们还初步了解了 BaaS，以及它与 FaaS 的结合方式。从本质上来讲，这也属于一种“大中台，小前台”的思想。我们通过不断地积累和沉淀，并通过在框架层面提供通用服务的方式，使得业务层能够更加聚焦于业务逻辑，而无须考虑这些基础通用服务的实现及维护。

在各大云计算供应商中，各种产品也扮演了类似的角色。如果需要使用数据库，我们只需要申请数据库实例即可；而无须从选择操作系统开始，再下载数据库软件并安装配置。这些服务都极大地简化了我们的业务开发工作。通过 BaaS 服务的应用，可以大幅提升我们的研发效率，减少重复建设。

接下来，我们将详细介绍什么是 BaaS。

第3部分

BaaS技术

第 10 章
BaaS的由来

前面我们已经对 BaaS 有了一个简单的了解，即 BaaS（Backend as a Service，后端即服务）是作为 Serverless 的一部分被提出的。它并非新鲜事物，而是逐渐从 PaaS（Platform as a Service，平台即服务）演变而来的。在本章中，我们将从计算资源的角度，介绍 BaaS 的定义和能力，以及它是如何演化而来的。最后，我们将以 Google Firebase 为例，具体看一下 BaaS 主要提供哪些服务。

在讨论 BaaS 之前，让我们站在更高的角度来了解一下它的基础设施：云计算。

10.1 传统的 IT 时代：原始部落的刀耕火种

在传统的 IT 时代，如果我们希望部署一个应用程序，需要经过哪些步骤呢？

第一步，需要有服务器。针对服务器，IDC（Internet Data Center，互联网数据中心）提供了相应的服务，它有两种服务模式：服务器托管与服务器租用。前者，需要客户自行购买服务器及配套整机柜，配置完成后发往 IDC 机房；后者，是由 IDC 服务方直接提供可运行的服务器，并以租借的方式提供给客户。无论采用哪种方式，IDC 主要均提供网络、电力及一些基础的设备维护服务。因此，无论是采购后托管还是直接租用，都需要对服务器的网络进行各种初始化和配置。这一步，往往需要数天才能完成。

第二步，安装操作系统。我们需要在服务器中安装和配置自己所需要的操作系统。我们需要在多个不同的发行版中选择合适的操作系统，然后手动安装配置，之后更新其操作系统的安全补丁，以保障操作系统的安全性。在之后的维护周期里，我们还需要定期检查操作系统是否有新的安全补丁需要更新。

第三步，安装依赖软件。操作系统安装完成后，我们还需要在操作系统中安装应用程序所依赖的各种软件，比如用来保存数据的 MySQL，提供 Web 网关能力的 Nginx，等等。这些软件安装完成后，需要根据应用的实际情况，对其进行相应的配置。

最后一步，部署应用。依赖软件安装和配置完成后，终于可以开始部署我们的应用程序了。应用程序部署完成后，我们的客户就可以通过终端（如客户端、浏览器等）来使用该服务了。

在此可以看出，在传统的 IT 时代，要完成一个应用的部署，时间常常以周为单位来进行度量。其间投入的成本是十分高昂的；而云计算的诞生，大大缩短了这个过程。

10.2 云计算时代：现代城市的集中供应

在之前的章节中，我们提到了云计算提供了 3 种服务模式，即 IaaS、PaaS 和 SaaS。本节将着重讨论从传统 IT 到云计算这 3 种服务模式的演变过程，以及它们的相互关系、核心价值。

如图 10-1 所示，对比了传统 IT 与 IaaS、PaaS 和 SaaS 服务模式的差异。

图 10-1　传统 IT 与 3 种云计算服务模式的差异

IaaS（Infrastructure as a Service，基础设施即服务） 将提供处理、存储、网络连接以及各种基础运算资源，以让用户能够部署操作系统并执行应用程序。IaaS 是云服务的底层设施，提供了基础的计算资源服务。客户无须像传统 IT 服务一样购买或租用物理服务器，就可以直接部署和运行自己的应用程序。同时，用户也不拥有对这些底层基础设施的管控权限，但可以操作和配置在它们之上的操作系统。

PaaS（Platform as a Service，平台即服务）则在基础设施之上，进一步提供了运算平台与解决方案服务。在 IaaS 的场景中，如果我们需要使用数据库服务，则仍然需要先申请一个虚拟机，然后再购买和安装数据库软件（如 MySQL），最后完成配置。PaaS 则是直接提供了这种技术产品服务，我们可以直接在平台上申请一个数据库实例来使用，而无须关注其背后的安装和运维工作。计算资源直接由 PaaS 以软件服务的方式提供，而不再是基于操作系统的算力。

SaaS（Software as a Service，软件即服务）则更进了一步，将直接提供开箱即用的软件服务。这些软件无须安装，用户直接通过客户端（一般是 Web 浏览器）就可以访问该软件所提供的服务。与 PaaS 的技术产品服务不同，SaaS 所提供的服务都是能够直接解决实际业务场景的；而对于 PaaS 的技术产品服务，我们仍然需要在它的基础上实现具体的业务逻辑。在 SaaS 场景中，用户只需要使用服务，甚至都无须感受到计算资源的存在，更无须懂技术。

因此，云计算的本质其实是提供用户所需计算资源的一种服务。无论是 IaaS、PaaS 还是 SaaS，它们都将从不同层面向用户提供服务，从而让用户可以更加便捷地使用计算资源。这样一来，云计算就通过分级的服务模式，让计算资源能够成为一种像水和电一样的资源进行交付。其唯一的区别只是水和电通过管道和电线传输，而计算资源通过网络传输。

通过 IaaS、PaaS、SaaS 这种分级的服务，企业能够在效率与成本之间得到一个平衡，不同层面的方案可以满足不同客户的需求。通过将基础的公共事务交给专业的供应商来实现，再输出成标准化服务的方式，可大幅度降低客户的成本。同时，由于进行集中供应，因此供应商有了赢利空间，从而实现了供应商与客户的双赢。这便是云计算能够流行起来的原因。

随着云计算的不断更新，以及技术框架和产品的演进，在这三大服务模式之下，又诞生了两种更加细分的新模式来匹配企业的需求，这就是 CaaS 和 BaaS。

10.3 新一代基础设施：CaaS

前面我们已经提到，从传统 IT 到 IaaS，我们不再关注物理机；从 IaaS 到 PaaS，我们不再关注操作系统、中间件。PaaS 之所以会被提出，是因为它解决了 IaaS 中操作系统和中间件配置烦琐的问题，将这些功能不再暴露出来，而是直接封装成产品提供给开发者。PaaS 的灵活性与基于 IaaS 自行安装和配置比起来，肯定是不足的。那么，是否有一种能够更加简便的方式来配置操作系统和软件，同时又不失 IaaS 的灵活性呢？

随着容器化技术的发展，在 IaaS 之上出现了一种新的服务模式，这就是 CaaS（Containers as a Service，容器即服务）。如图 10-2 所示，与 IaaS 不同，云计算供应商将计算资源从提供虚拟机（VM）产品的方式，变为了提供容器（Container）产品的方式。通过像 Kubernetes、Swarm 或 Mesos 这样的编排服务，让研发人员可以基于容器化技术，通过描述文件的方式告诉计算机应用所需要的操作系统和环境，从而可以更容易地构建和部署可移植的应用程序。CaaS 配置的灵活性，使得应用程序可以在任何容器服务的环境中部署和运行，而无须为不同的环境重新配置。并且，与虚拟机相比，由于容器的实现更加轻量，因此这能够使得在它之上的服务可以更容易、更快速地实现伸缩。灵活和高效是 CaaS 的最大特点。

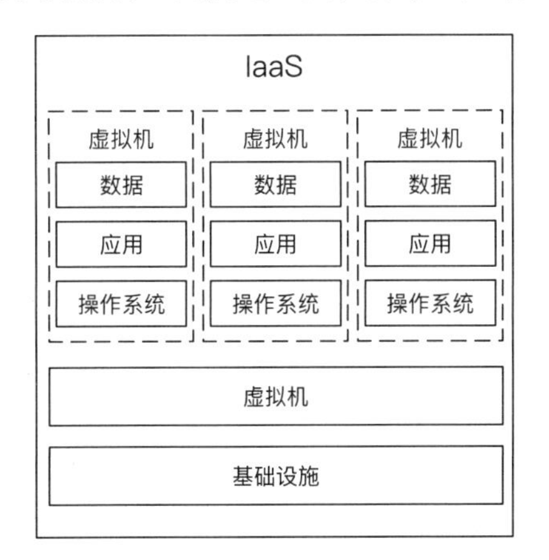

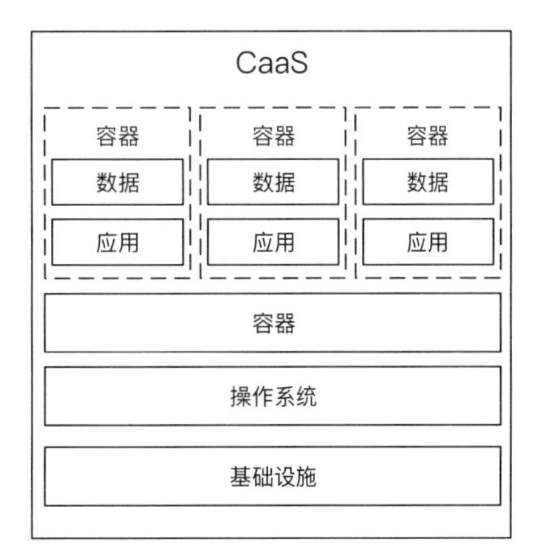

图 10-2　IaaS 与 CaaS 的区别

下面举一个例子。我们已经开发完成了一个产品，目前需要尽快将它部署上线，提供给用户使用。

在 IaaS 的场景下，我们需要向云计算供应商申请虚拟机实例，选择我们需要的操作系统，安装应用程序所需的依赖环境（如 Node.js 或 JVM），最后将代码上传至虚拟机中部署。通常，这一整套操作需要由专职的运维人员完成；至于应用程序有哪些依赖以及如何部署，则又需要研发人员向运维人员提供相应的文档，这中间存在大量的沟通成本。

而使用 CaaS 后，我们将通过容器来进行部署。以 Docker 为例，在 Docker 中，我们需要维护一个名为 Dockfile 的配置文件。在这个文件中，向容器描述了应用程序所依赖的软件以及应用程序的源码如何获取和部署。在部署容器时，将通过 Dockfile 自动完成上述流程。在这种场景下，我们一般更倾向于采用 DevOps 的研发模式。让应用程序部署的描述文件与应用程序的代码统一管理，并且都由研发人员进行编写和维护，从而减少了不同人员间的沟通成本，开发者的研发和部署效率得以提升。

10.4 PaaS 的演进：BaaS

如果说 CaaS 是 IaaS 能力的演进，那么 BaaS 则是在 PaaS 之上的一次能力延伸。

那么，什么是 BaaS 呢？在 CNCF 的 Serverless 白皮书中提及，我们通常会通过使用一些第三方服务来替换应用程序内部的通用基础功能。第三方服务一般以 API 的方式提供，这些 API 背后的服务是自动伸缩的，对于研发人员来说，这些服务无须运维，因此它们是 Serverless 服务。

从描述上来看，它似乎和 PaaS 并没有太大区别。但 BaaS 面向的对象不同，BaaS 是直接面向终端的。也就是说，BaaS 就是将 PaaS 层的能力，直接针对终端（如移动 APP、Web 站点、瘦客户端等）进行了封装，研发人员能够直接在终端调用这些 PaaS 能力。

举个具体的例子。如果我们需要在 App 中实现登录和鉴权，在传统实现中，我们需要进行功能梳理，再基于这些功能，设计出对应的领域模型和数据库模型。设计完成后进入编码环节，我们将通过代码实现对应的功能，最后部署在服务器中，供终端调用。而在 PaaS 中，我们可以直接选择云计算供应商提供的登录和鉴权服务，将它们集成到服务端代码中，前端就可以直接调用它们。BaaS 则更进一步，让我们无须将这些第三方服务集成到服务端中，而是直接在前端调用。也就是说，我们直接在前端代码中，在没有服务端参与的情况下，就可以通过 API 来调用这些第三方服务。

了解了什么是 BaaS 之后，那么它是怎么从 PaaS 演化而来的呢？

早在 2012 年，就有公司提出了 mBaaS 的理念，它是 BaaS 的雏形。mBaaS（mobile Backend as a Service，移动后端即服务），与当前的 BaaS 理念可以说是十分接近了，不过当时它只聚焦于移动应用开发。mBaaS 将云计算服务作为扩展能力，以 native SDK 的形式提供给移动端，以此来支持大规模的移动应用开发。这些扩展能力能够直接被移动应用访问，并提供移动应用程序开发所需要的各种功能，如用于存储数据的数据库服务、用于给用户发送消息的通知推送服务、用于监控用户行为的统计分析服务等。当时也有公司将 mBaaS 称为 “backendless”，因为有了 mBaaS 后，研发人员只需要关注前端开发，与后端相关的所有内容均由云计算供应商提供。

正如很多云计算供应商在创立之初，只是为了能够方便地将计算资源提供给内部不同的产品使用一样。目前提供 BaaS 服务的供应商，最早也是由于自身存在大量的移动应用开发需求，为满足内部高效开发、避免重复建设而逐渐发展起来的。

对于大多数移动应用来说，后端都是一些像 CURD（Create，Update，Read，Delete）之类单调的重复性工作，烦琐且枯燥。我们上面已经讲过，集中式的供应有利于开发者降低成本和提高效率。针对这些重复性的功能，自然就有公司开始将这些后端能力包装成开箱即用的服务来提供。最初，这些公司可能只是为了简单地提效，希望通过整合这些通用的后端能力来增加代码的可复用性。随后，这些后端能力逐渐沉淀为 native SDK，并提供给公司内部不同的 App 接入，这样一来，就形成了一个内部的 BaaS 服务。

既然大型公司在开发多个 App 时都会遇到问题，那么在整个移动应用生态中，对于那些存在同样诉求的个人开发者或创业公司，如果要求他们具备完整的后端开发能力，就需要极大的成本投入。因此，无论是个人开发者还是创业公司，都希望自己的产品能实现快速迭代，以最小的成本投入市场进行验证；这些后端工作对于他们来说无疑是繁重的。在传统模式下，实现一个完整的移动应用开发上线，往往需要多个工种的通力配合，这包括服务端开发、客户端开发、运维等。这些人力成本和时间成本，将大幅削减其产品在市场上的竞争力。

BaaS 则是在这个背景下开始流行的。对于那些个人开发者或创业公司来说，与其将人力和时间投入重复的建设中，不如直接购买 BaaS 服务商提供的成熟产品。这样，在将人员投入真正的业务开发中的同时，其研发时间将大大缩短，研发成本也将显著降低。

这正像阿里巴巴公司在 2015 年提出的“大中台，小前台”战略一样，如果说阿里巴巴公司的各个电商通用服务，如用户中心、商品中心、交易中心，是阿里巴巴公司自己的中台，那么由云计算供应商提供的 BaaS 产品，如数据库服务、消息中心、权限中心，则是所有前端研发人员的中台。前端研发人员通过中台化思想的运用，可以让前端应用研发更加敏捷、快速，以此适应瞬息万变的市场。

10.5 Google Firebase

在 BaaS 产品中，最知名的两个产品要属 Parse 和 Firebase 了。几年前，它们分别被 Facebook 和 Google 以数亿美元的金额收购。

令人遗憾的是，前者的商业化产品目前已停止服务，并作为一个开源项目（参见链接 12）供开发者继续研究和使用。关于 Parse，值得一提的是，它是完全基于 Node.js 来开发和实现的，早在 2013 年其被 Facebook 收购时，就通过一个名为 Cloud Code 的产品，提供了类似 FaaS 的能力。在该平台上，也能通过 JavaScript 编写对应的服务端函数。

而本节的重点，则是 Firebase（参见链接 13）。Firebase 于 2004 年被 Google 收购，它提供了丰富的 BaaS 服务，可以让移动应用或 Web 应用直接接入。并且针对 Android 和 iOS，Firebase 还提供了特定的功能，以简化移动应用的开发流程。同时，通过它与 Google 云的整合，开发者能够十分便捷地在前端使用各种 Google 的云计算服务。

Firebase 可以被认为是目前最主流的 BaaS 平台之一。通过了解它的发展历史和功能，我们可以一窥当前 BaaS 的能力和进展。最初，Firebase 提供的核心功能只是一个基于 NoSQL 的数据库服务。正如其他 PaaS 平台一样，它提供的数据库服务无须开发者维护对应的服务器，不用关注服务的负载，对数据存储的容量也没有限制。但与 PaaS 的关键区别在于，它提供了移动端的 SDK，这使得 Android 和 iOS 能够方便且安全地调用。随后 Firebase 推出了针对移动端的各项配套服务。目前，Firebase 把其所提供的服务分为三大类型：开发类、质量类和拓展类。

其中，开发类产品可以帮助开发者构建更好的应用，提供了我们在开发过程中需要用到的通用后端能力，它们包括以下 5 大功能。

◎ 云数据库（Cloud Firestore）：这是我们在前面提到的，Firebase 最早的核心能力——基于 NoSQL 数据库的存储能力。通过云数据库服务，可以在全球的各个用户和设备之间同步数据；提供了实时同步功能和离线支持，还提供了高效的数据查询功能。数据存储能力是所有应用程序最基本的依赖。

◎ 云函数（Cloud Functions）：云函数则是 Firebase 后期加入的功能。它提供了 FaaS 能力，开发者无须自己管理和运维服务器。有了云函数，就可以提高应用的安全性。

◎ 身份认证（Authentication，见图 10-3）：用简单且安全的方式来管理用户信息。身份认证服务可以使用电子邮件、Google、Facebook 等第三方身份认证，或直接使用开发者已有的账号系统。身份认证服务还提供了一套标准的移动应用登录界面，让开发者不编写 UI 代码就能直接实现用户账户的管理功能。在过去，我们每开发一个应用都需要开发一套身份认证系统，重复性极高；有了统一的服务，我们只需要通过简单的配置即可完成这一工作。

◎ 托管（Hosting）：通过托管服务，我们就可以方便地将资源分发到 CDN 中。当用户上传文件后，该服务将自动将其推送到全球的 CDN 节点，并支持 HTTPS 访问，以便我们的用户无论身在何处，都能以安全、可靠的方式快速地访问应用。

◎ 云存储（Cloud Storage）：通过它，我们可以轻松地存储和分发用户上传的图片、音频和视频等文件。保存来自用户的数据，这几乎是每一个现代应用程序所必备的功能。云存储服务通过直接提供客户端 SDK 的方式，免去了以往研发人员需要手动对接服务端并开发相关鉴权逻辑的过程，进一步降低了文件存储服务的使用成本。

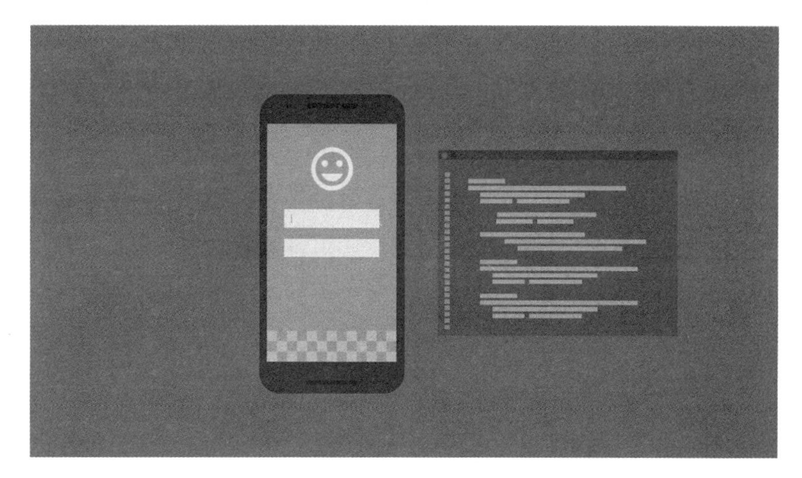

图 10-3 Firebase Authentication 通过 SDK 提供灵活、可配置的界面

从上面这些功能可以看出，Firebase 针对研发过程，对通用功能提供了十分完善的封装。这使得开发者直接在客户端就能使用这些能力，而无须任何服务端的介入。除此之外，Firebase 在针对软件质量方面，也提供了以下 4 项基础服务，以帮助提升应用程序的性能和稳定性。

◎ 崩溃报告（Crashlytics）：在移动开发领域中，终端崩溃日志的收集是稳定性监控的重要措施。该服务将众多的崩溃类型和数据聚合在一起，以便研发人员方便地进行检索，从而有效地缩短研发人员对问题的排查时间。在监控大盘中，我们可以查询不同问题对用户造成的影响大小，清楚且准确地评估各项问题的优先级，确定应当首先解决哪些问题。同时，它还提供了监控报警功能，以实时通知研发人员，使其实现快速响应、快速恢复。

◎ 性能监控（Performance Monitoring）：如图 10-4 所示，通过该服务，我们可以方便地远程采集和诊断用户设备上出现的各种性能问题，包括 CPU、内存、GPU 以及网络请求情况等。只需要简单地配置，即可监控应用程序的各项性能，并直接在控制台中查看结果。性能监控在以往的移动开发中往往是一个需要耗费大量人力的事情，通过 BaaS 服务，我们无须编写任何代码，就可以直接使用完善的监控系统。

◎ 测试实验室（Test Lab）：在移动应用开发中，由于 Android、iOS 各种机型碎片化的问题，测试总是一个令人头疼的问题。一款 App 的上线，通常至少需要通过 30 款主流手机的测试。若要为每个测试人员都配备相应数量的手机，则还需要考虑这些设备的管理成本。测试实验室通过将真机设备虚拟化，使得该问题得以解决。同时，通过在线模拟真机操作的方式，还可以更好地采集和记录测试中发现的问题，方便研发人员回放。同时，由于平台提供了批量操作的能力，因此我们也更容易发现多个设备间不一致的兼容性问题，从而确保应用程序在多种设备上都能提供良好的用户体验。

◎ 应用分发（App Distribution）：当移动应用准备推向市场时，我们通常会先招募一批测试人员来进行小范围的内测，以便在能够得到真实用户反馈的同时，还不会因为应用程序中潜在的软件或设计问题而引发大量的负面评价，最终损失市场份额。通过应用分发功能，我们可以更好地管理这些内测用户和版本；同时应用分发服务还提供了一套用于用户反馈的界面，协助开发者收集内测用户的反馈信息，让整个内测周期更加快速且灵活。

图 10-4　通过跟踪监控来了解设备的性能问题

除针对研发阶段和测试阶段提供了开发、质量类服务外，Firebase 还提供了一个被称为拓展类的服务。Firebase 主要包括一些在产品已经上线之后，运营阶段需要用到的功能，主要分为以下 5 类。

◎ 应用内消息（In-App Messaging）：在用户打开 App 时，主动推送一条通知，一直是一个十分常用并且有效的运营手段。我们可以向应用的活跃用户发送有针对性的消息，以鼓励他们使用某些功能。比如当用户首次打开 App 时，会出现一个每日活动的弹窗，或者在用户完成某项任务后会有奖励推送。我们可以通过该功能的触发器来激活弹窗。在客户端中，只需要简单地调用 Firebase SDK，即可直接使用，免去了我们亲自实现一套消息服务的成本。

◎ 分析（Analytics）：前端研发人员对于 Google Analytics（GA）一定不会陌生。几乎每一个 Web 站点都会使用与 GA 类似的统计分析工具，用于帮助研发人员了解用户的使用习惯，以便更好地调整应用的功能，提供更好的服务。如图 10-5 所示，Firebase Google Analytics 是 Firebase 的核心功能之一，它是一款免费分析解决方案，支持数百种不同类型事件的采集，分析报告可以让我们清楚地了解用户行为。

◎ A/B 试验（A/B Testing）：在做营销活动或关键功能变更时，A/B 试验是常用的用来检验不同方案效果的措施。在软件开发领域，A/B 试验是一种随机性的试验，它可将同一个区域或功能的两种不同实现随机提供给不同的用户，并观察其使用情况，以此来判断这两种实现的优劣，从而在大规模应用时采取那种更好的方式。要自行研发一套 A/B 试验能力，是相当烦琐的，需要涵盖方案的设计和投放、效果的采集和分析等多个模块。而通过 Firebase A/B Testing，在控制台中就可以快速创建一个 A/B 试验，投放给用户，随后即可得到两套方案的对比使用数据，包括应用崩溃情况、用户的渗透率和留存率以及互动情况等数据，以帮助我们快速决策。

◎ 云消息（Cloud Messaging）：它是一种跨平台的消息传递解决方案。通过在服务器与终端之间建立一个长连接，终端设备能够直接接受来自服务器的主动推送消息。这一功能在多个用户（或设备）需要互动的场景中十分常见。比如在即时通信软件中，A 用户向 B 用户发送消息，通过云消息服务，可以让 B 用户能够快速收到对方的消息。云消息的配置十分灵活，它可以发送给单一设备、一组设备或单一用户的多个设备，以满足开发者的各种应用场景。

◎ 远程配置（Remote Config）：如果我们希望移动应用通过服务端就能控制它们的某些 UI 展示或行为，通常需要将这些 UI 展示或行为抽象为配置，再通过一个统一的配置中心下发这些配置。远程配置就是这样一个配置中心，它实现了无须发布应用的更新，就能更改应用的行为和外观的能力。我们可以在移动应用中提前预置一些活动功能，再通过远程配置的开关来决定它在什么时候启用，以此来保障用户能在特定的时间解锁新的功能。

图 10-5　全面的用户数据分析功能

以上介绍了 Firebase 的三大类服务。当然，除这些产品外，Firebase 还提供了一些在开发过程中经常使用的小工具或服务（比如，图片尺寸转换服务、文字翻译服务、短链服务等），以帮助研发人员解决一些常见问题，提高其开发效率。虽然 Firebase 最初是面向移动开发的平台，但随着功能的迭代，其已开始面向 Web 及移动 H5 提供服务。目前 Firebase 的已有功能基本已提供 JavaScript 和 Node.js 的对应 SDK 版本，同时还针对前端开发提供了诸如域名托管之类的特有服务。

现在，Firebase 已经从以前专门针对移动端 BaaS 平台的定位，转变为了一个面向所有终端的 BaaS 平台。

10.6　BaaS 的优势和价值

前面我们分析了 Firebase 的整个产品功能。由此可以看出，BaaS 并不是简单地将各种 PaaS 服务封装成能在终端调用的 API；而是根据终端的需求，提供产品从开发到测试，再到运营的整个生命周期中，需要用到的各种服务，从而让开发者可以完全不关心与服务器相关的任何技术和问题，从而聚焦于业务的实现。也就是说，BaaS 提供给开发者所需要的一切服务端能力，这些服务端功能的开发和维护工作都交由 BaaS 的提供方来负责。BaaS 的另一大特点是，这些服务都是按用量付费的，因此这在降低开发者的研发成本和运维成本的同时，也极大地降低了服务器的使用费用。

从整体上来说，BaaS 具备以下优势：

◎ 提高开发效率：可以有效地降低移动应用开发过程中各环节的研发成本，提高研发效率，从而缩短产品的上市时间。
◎ 缩减人力成本：由于服务器完全通过 BaaS 实现，因此不再需要原有数量的后端研发人员。
◎ 降低运维及服务器成本：通过 BaaS 提供自动扩容/缩容的弹性伸缩能力，不再需要专职运维人员对服务器进行维护；并且通过按需使用，可以实现较高的资源利用率，从而可减少服务器使用费用的开销。
◎ 降低运营成本：通过多种运营工具，有效帮助企业实现在运营过程中需要的关键能力。
◎ 良好的用户体验：BaaS 供应商通过 SDK 的方式，使得开发者可以通过业界最优秀的解决方案来实现应用程序所需要的功能，减少移动端因碎片化而带来的问题。

由此可以看出，BaaS 平台极大地帮助了中小企业甚至是个人开发者：即使其团队规模不足，也可开发出一款满足市场需求的产品。

然而遗憾的是，由于网络等原因，Google Firebase 在国内环境下并不太容易使用。不过，我们看到在国内已有类似的产品开始出现，包括 LeanCloud（参见链接 14）和 Bmob（参见链接 15），它们已经具备了数据存储、CDN 服务、消息推送等基本功能。虽然其整体服务的完整性和 Firebase 相比仍有较大差距，但 BaaS 的基本理念是一致的。

从产品功能方面来看，除提供 BaaS 服务的供应商外，也有只专注于提供某一种单一服务的供应商。比如，提供授权服务的 Auth0（参见链接 16）、提供 CDN 服务的七牛云（参见链接 17）、提供统计分析解决方案的友盟（参见链接 18），以及提供消息服务的极光推送（参见链接 19）等。就单一功能来说，这些提供特定服务的供应商的专业性与成熟程度要高于我们上面提到的提供一站式解决方案的 BaaS 供应商。但对于应用开发者来讲，由于开发者需要将分布在不同供应商的多个服务组合起来才能完成应用程序的开发，和直接只用完整解决方案的 BaaS 平台相比，整合多个服务将会付出更多的成本；因此，从长远来看，提供整合服务和完整解决方案的 BaaS 平台，更容易被开发者所采纳。

国内大型云计算供应商也已初步提供此类服务，如阿里云小程序 Serverless 平台以及腾讯云的云开发（TCB，Tencent Cloud Base）平台都提供了 BaaS 的基本服务能力。目前前者定位于服务支付宝小程序的开发者，为他们提供整套后端服务；而后者同样也是从服务于微信小程序发展而来的，从最初的微信小程序云开发，推广到了包含移动 H5 应用在内的一站式后端云服务平台。

本章小结

本章介绍了 BaaS 的背景知识，读者通过云计算不同服务模式的介绍，了解了 BaaS 的整体定位，即为终端研发提供一站式的服务端解决方案。最后，我们通过 Google Firebase 的介绍，知道了 BaaS 所提供的具体能力。

在接下来的章节中，我们将基于阿里云小程序 Serverless 平台，以一个真实需求作为例子，实现一个完整的小程序功能。

第 11 章
初始化BaaS应用

我们将基于阿里云小程序 Serverless 平台，开发一个无服务端、API 完全基于 BaaS 的微信小程序。

在开始之前，我们需要进行一些准备工作。这包括注册微信小程序开发者账号、开通阿里云小程序云服务以及安装微信开发者工具。

注：微信小程序的开发在其官网及社区有极其丰富的资料供读者参考。我们在本章将假定读者已具备相应的小程序开发能力。

11.1 注册小程序的账号

微信公众平台账号的管理方式与阿里云略有不同。在微信公众平台注册一个小程序，实际该小程序将隶属于一个主体（公司或个人），并不直接与某一个微信号绑定。小程序创建完成后，再通过关联的方式实现账号的注册。因此，在微信公众平台，小程序的申请流程是，先注册服务主体，之后创建小程序，随后再添加某个微信账号作为管理员。需要注意的是，每个主体目前只能申请一个小程序。

我们首先注册一个服务主体。

打开微信公众平台（参见链接 20），点击“立即注册”按钮，之后选择“小程序”选项。随后如图 11-1 所示，根据引导提示，依次填入“账号信息”、“邮箱激活”和“信息登记”信息，点击“注册”按钮，即可完成主体账号的创建。

图 11-1　注册小程序的主体账号

主体账号注册完成后，即可绑定一个微信账号作为管理员。随后，我们就可以进入小程序管理主页面了。

11.2　配置云服务

完成小程序的注册后，我们就可以开始配置云服务了。若之前没有开通过云服务，则需要先行开通。进入控制台（参见链接 21），根据提示开通云服务即可。

在成功开通阿里云小程序云服务平台后，需要创建一个服务空间。服务空间，表示一套阿里云的 BaaS 服务。目前阿里云小程序云服务平台包括云函数、云数据库、云存储以及统计分析模块，不同的服务空间中的数据是相互隔离的。

在阿里云小程序云服务平台中，点击左侧“小程序 Serverless”选项卡下的“服务空间管理”选项，打开管理页面，随后在管理页面中点击“创建服务空间”按钮，如图 11-2 所示，在弹出的对话框中输入期望的名称，点击“确定”按钮后即可创建服务空间。

图 11-2　在阿里云小程序云服务平台中创建服务空间

成功创建服务空间后，我们需要将该空间与微信小程序进行绑定。这需要微信小程序对应的 AppID 和 AppSecret，如图 11-3 所示。我们可以通过微信公众平台小程序管理后台的“开发”→“开发设置”→“开发者 ID”选项进行查询。

图 11-3　在微信公众平台小程序管理后台中找到 AppID 和 AppSecret

将对应的 AppID 和 AppSecret 填入阿里云小程序云服务平台“设置”页面的对应输入框中并保存，即绑定完成。

同时，为了能够在微信中调用阿里云的 BaaS 服务，我们还需要在微信公众平台中配置阿里云服务器的相关信息。

在服务空间的对应列表中，找到我们创建的条目，点击“详情”按钮跳转到对应的页面，记录下“API Endpoint”、“文件上传 Endpoint”两个字段信息之后，如图 11-4 所示，在微信公众平台小程序管理后台的“开发”页面的 “request 合法域名”和 “uploadFile 合法域名”中分别录入上述两个字段信息。

图 11-4 在微信公众平台小程序管理后台中录入阿里云服务器的相关信息

11.3 初始化代码

完成云服务的配置工作后，就可以开始编码了。微信小程序的开发需要用到微信开发者工具（下载地址可参见链接 22）。这里以 macOS 为例，我们下载和安装后，打开微信开发者工具，如图 11-5 所示，选择“新建项目”（New Project）选项卡，之后依次输入项目名、所在目录以及对应的 AppID。

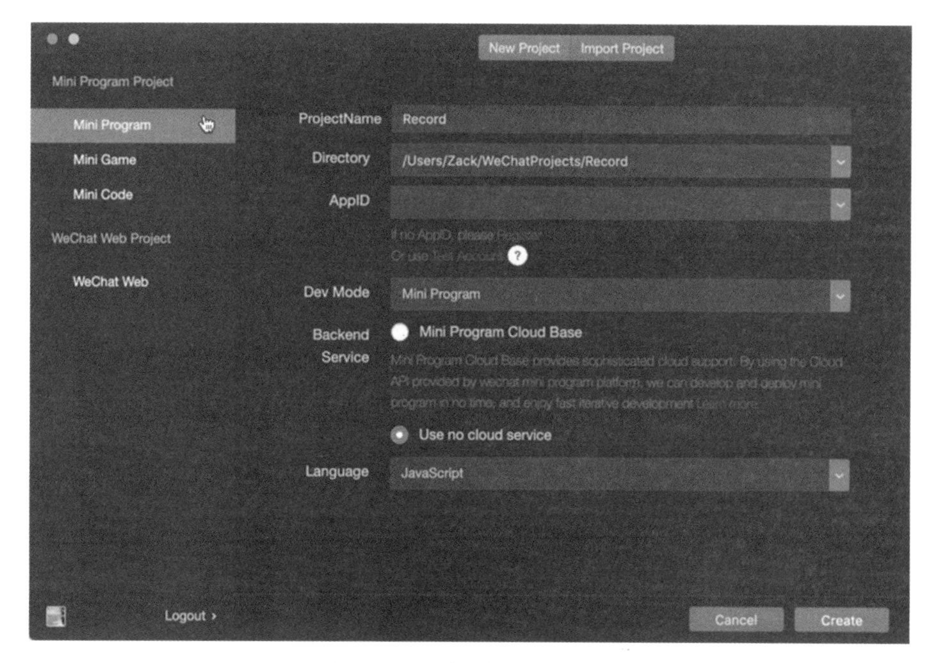

图 11-5　创建微信小程序项目

项目创建完成后将进入开发模式，如图 11-6 所示。其中，将自动生成一份包含用户身份授权功能的初始示例代码。

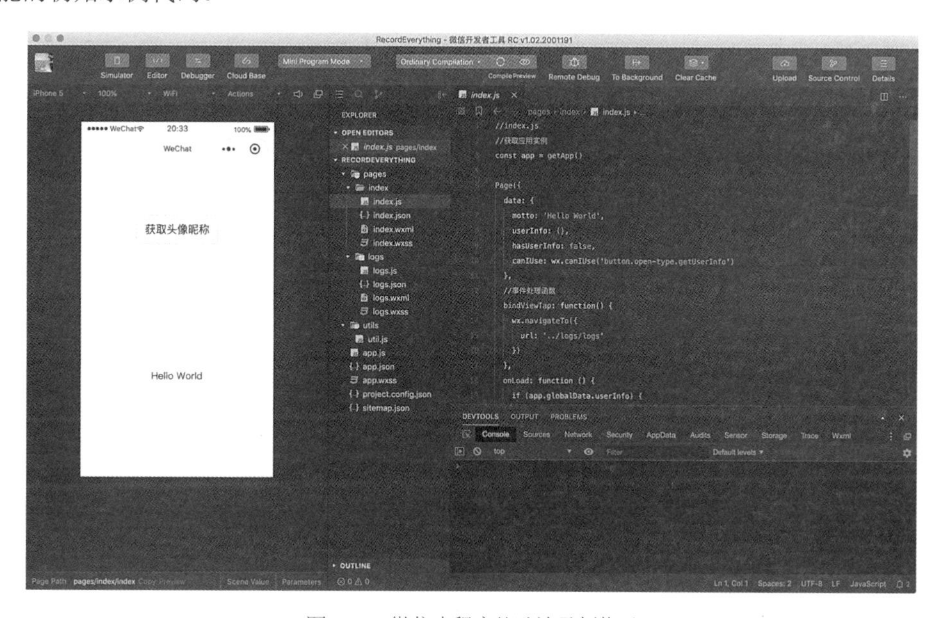

图 11-6　微信小程序的默认示例代码

11.4 添加 BaaS SDK

阿里云小程序 Serverless 平台通过 BaaS SDK 的方式，让开发者可以直接在客户端访问云服务器的相关功能。因此，代码初始化完成后，我们需要完成 SDK 的集成和初始化。

首先我们需要从阿里云获取 SDK 文件，它是一个 JS Bundle 文件。我们可以通过 NPM 进行获取，在小程序源码文件夹中运行以下命令即可安装 BaaS SDK（本书使用的版本是 BaaS SDK 0.1.3）：

```
$npm i @alicloud/mpserverless-wechat-sdk@0.1.3
```

随后，在小程序菜单中选择 “工具”→“构建 npm”选项，并在项目配置中勾选 “使用 npm 模块”复选框，以便在项目中引用该 SDK。至此，我们完成了 SDK 的引入。

最后，我们需要在应用启动时初始化 SDK。找到微信小程序的入口文件 app.js， 在文件头部引入 BaaS SDK 并在初始化方法中传入 appId、spaceId、clientSecret 和 endpoint。其中，appId 是小程序的 AppID，我们之前已经获取；spaceId、clientSecret 和 endpoint 在阿里云小程序 Serverless 平台的服务空间中，可点击“详情”按钮查看。

初始化代码如下所示：

```
// app.js
const MPServerless = require('@alicloud/mpserverless-wechat-sdk');
const mpServerless = new MPServerless({
  appId: '<微信 appId>', // 小程序应用标识
  spaceId: '<阿里云 spaceId>', // 服务空间标识
  clientSecret: '<阿里云 clientSecret>', // 服务空间的 secret key
  endpoint: '<阿里云 endpoint>', // 服务空间地址，从小程序 Serverless 控制台处获得
});
```

完成初始化后，我们需要在小程序的启动钩子函数中调用授权方法。需要注意的是初始化的默认钩子是一个普通函数。这里为了方便异步回调，我们将其改为 async 函数。具体代码如下：

```
// app.js
App({
  onLaunch: async function () {
    // 用户授权
    await mpServerless.user.authorize({
      authProvider: 'wechat_openapi',
```

```
    });

    // ...
  },
  mpServerless, // 将 SDK 实例挂载到 App 中
  // ...
});
```

自此，我们就完成了整个 BaaS 应用的初始化工作。

本章小结

在本章中，我们完成了阿里云小程序 Serverless 平台和微信小程序的初始化工作。

从第 12 章开始，我们将正式进入基于 BaaS 的应用研发中。我们将首先介绍如何基于 BaaS 的数据存储服务来持久化应用的信息。

第 12 章 数据的持久化

对于前端研发来说，我们通常会使用 Node.js 作为承载后端服务的运行环境。因此，在数据存储方面，MongoDB 因其基于 BSON 的数据存储格式而与 JavaScript 的 JSON 具有良好的兼容性，也自然成为数据持久化方案的不二选择。而阿里云小程序 Serverless 平台所提供的数据存储能力的产品，底层正是基于阿里云的 MongoDB 的。

MongoDB 实际上属于 NoSQL 数据库的一种。NoSQL，即 Not Only SQL，它是与 SQL 这种关系型数据库相对来说的。它之所以被称为 NoSQL，是因为无须遵循传统关系型数据库中的 ACID（Atomicity，Consistency，Isolation，Durability）原则。正因如此，它在分布式能力、可扩展性、读/写性能和灵活性等多个方面具有显著优势。

NoSQL 数据库从分类方面来看，可以分为 4 大类型，分别是键值存储数据库、列存储数据库、图形数据库、文档型数据库。下面将对这几类数据库进行简单介绍。

键值（Key/Value）存储数据库是存储方式最简单的一种数据库，其底层通常基于哈希表实现。键值存储数据库在简单的高并发场景下，有着良好的性能表现，因此其最广泛的使用场景是作为应用缓存的持久化方案。在前端领域中，我们最常使用键值存储数据库来集中存储会话（Session）的上下文信息，以便于当用户请求不同的服务器时，可以统一通过 Cookie 查询对应的上下文。除此之外，系统配置文件通常也会使用键值存储数据库来保存，以便提高应用的性能。我们使用的 Redis、Memcached 均属于键值存储数据库。

列（Column）存储数据库则是构建在键值存储数据库之上的数据库。与键值存储数据库一个 Key 对应一个 Value 不同，列存储数据库的每个 Key（称为 Row Key）都指向一批 Value（称为 Column Family），这些 Value 的内部是一个键值表。在前端领域中列存储数据库的应用并不广泛，其通常用于存储超大规模的离线数据，比如应用的用户日志记录。存储了用户日志记录后，通过离线定时任务，将日志汇总成报表，为数据分析和数据挖掘提供原料。这种大规模的数据处理通常每天执行一次，这也就是很多统计报表均提供 T+1 数据（即次日只能查询当日之前的数据）的原因。Cassandra、HBase 是列存储数据库的代表产品。

图形（Graph）数据库是 NoSQL 数据库中比较特殊的一类，它通常使用图形模型的概念构建，基于点（Node）和边（Edge）来描述事物。比如在人与人之间的关系图中，人是通过点来表示的，并且每个点都具备多个属性（如性别、生日等），这些属性都有不同的值。关系则通过边来表示，一个人与另一个人通常由一个或多个边连接（如父子、师生等），最终形成一张完整的关系图。虽然通过关系型数据库也可以实现类似的能力，但对于超大数据的多层级查询，关系型数据库的查询效率与图形数据库相比要慢了多个数量级。图形数据库的代表是 Neo4J。

文档型（Document）数据库是本章的重点，因为我们在 BaaS 中所使用的 MongoDB 数据库就是文档型数据库的一种。在所有的 NoSQL 数据库类型中，文档型数据库与关系型数据库是最接近的一种。文档型数据库和关系型数据库一样，支持对数据进行动态查询和索引的能力，同时如图 12-1 所示，其整个数据的存储方式也与关系型数据库相似。文档型数据库的集合（Collection）对应关系型数据库的表（Table）；文档（Document）则代表一行记录，对应关系型数据库中的行（Row）；文档中的每一个属性用列（Column）表示，对应关系型数据库中的字段（Field）。

关系型数据库	文档型数据库
表（Table）	集合（Collection）
行（Row）	文档（Document）
字段（Field）	列（Column）

图 12-1 关系型数据库与文档型数据库的数据存储方式对比

但是关系型数据库与文档型数据库也有不同之处。在关系型数据库中，不同的表是通过外键的概念来关联的；而在文档型数据库中，则直接将对应的数据嵌套在需要关联的属性之下。比如一个博客系统，里面包含文章（Article）与评论（Comment）对象，它们的关系是，每篇文章有一个或多个评论。在关系型数据库中，我们需要分别创建文章表（Article Table）和评论表（Comment Table），添加一条评论时需要在评论数据中指定其在文章表（Article Table）中对应的外键；而在文档型数据库中，基于嵌套模式，则只有一个文章集合（Article Collection），评论以数组的方式，挂载于文章集合（Article Collection）对应的评论列（Comment Column）中。

除与关系型数据库有差异外，文档型数据库与其他 NoSQL 数据库也有一个显著差异，那就是查询能力。无论是键值存储数据库还是列存储数据库，它们都只能基于 Key 来查询；而文档型数据库可以对整个数据内容进行检索。这是文档型数据库与其他类型 NoSQL 数据库在查询方面的主要差别。

因此可以看出，文档型数据库具备了 NoSQL 数据库分布式部署、易扩展等特性，同时又支持了关系型数据库中对复杂数据结构的动态查询能力，但又无须像关系型数据库一样需要事先定义数据结构。与关系型数据库相比，它可以让开发者更高效地应对快速变化的业务。同时，对于前端研发人员来说，它基于 BSON 设计的一个文档，可以十分方便地转换为在 JavaScript 中的一个 JSON 对象。因此，文档型数据库在前端领域中得到了快速普及。我们最常使用的文档型数据库是 MongoDB 和 CouchDB。而后者是 Node.js 的包管理系统 NPM 用来存储和分发数以万计的数据包所使用的数据库。

下面我们先介绍 MongoDB 的一些基本概念，以便于开发者能够高效地设计和开发应用；随后实践如何通过阿里云小程序 Serverless 平台来实现数据的持久化（数据的存储服务）。

12.1 数据库设计原则

正如我们前面提到的，MongoDB 在插入数据时，无须提前定义数据结构。这一特性给我们提供了足够的灵活性。即使数据之间的结构差异较大，也可以直接保存在同一个数据集合中。

本节还将介绍 MongoDB 支持两种不同的文档结构模式，即引用（References）模式和内嵌（Embedded）模式。具体使用哪种文档结构，需要根据实际应用程序对数据的使用方式来决定。一般来说，引用模式可使查询更加灵活，而内嵌模式的性能更高。在探讨不同的文档结构优缺点和应用场景之前，为了能更好地设计存储在 NoSQL 数据库中的数据所对应的结构，我们先看看关系型数据库与 NoSQL 数据库在数据类型与设计模式上的不同。这也是从关系型数据库转向 NoSQL 数据库的实践中，开发者最容易出错的一个方面。

12.1.1 BSON 与数据类型

BSON，即 Binary JSON（二进制 JSON），是 MongoDB 数据库中数据存储和传输的格式。BSON 是在 JSON 的基础上进行扩展得到的，因此它和 JSON 一样，支持内嵌对象和数组。

我们日常使用的 JSON 一共支持 6 种数据类型，分别是数值（Number）、字符串（String）、布尔型（Boolean）、数组（Array）、对象（Object）和 null。虽然这些数据类型在 JavaScript 开发中已基本够用，但作为数据存储的数据类型，这里缺少了一些必要的数据类型，比如用于保存日期的时间（Date）类型和用于保存数据流的二进制数据（Binary Data）类型。因此，BSON 在 JSON 之上扩展并包括了这两种数据类型以及其他更多的数据类型，以方便开发者直接存储对应的数据，而无须再进行转换。

下面是 MongoDB 的一些常用数据类型。

◎ 字符串（String）：这是一种最常用的保存数据的类型，由一个或多个字符构成。
◎ 整型（Integer）：该类型用来保存数字，可以是 32 或 64 位精度。由于在 JavaScript 中只有 Number（数值）类型，因此在保存和读取数据时，这种类型将和 Number 类型进行隐式转换。
◎ 布尔型（Boolean）：该类型用来存储布尔值，即 true 或 false。
◎ 双精度浮点型（Double）：该类型用来存储浮点类型的数字，在 JavaScript 中也将自动与 Number 类型进行转换。
◎ 数组（Arrays）：该类型用来将一个列表或多个值保存在一个字段中。
◎ 对象（Object）：该类型用来保存嵌套式的数据。
◎ 日期（Date）：该类型用来保存特定日期和时间，它以 UNIX 的时间格式进行存储。
◎ 二进制数据（Binary Data）：该类型用来存储二进制数据。有了它之后我们就无须将 JavaScript 中的二进制数据（如 ArrayBuffer）转换为字符串进行保存了。

12.1.2 三大范式与 NoSQL 数据库

数据库设计的三大范式（也被称为数据库规范化），作为数据库系统概论课程中的重要理论知识，相信大多数研发人员都不陌生。它是数据库设计的一系列指导性原则，目的是减少数据库中的数据冗余，保障数据的一致性。具体内容如下：

◎ 第一范式（1NF）：数据库每个列的值都是由原子值组成的，每个字段的值都只能是单一值。也就是说，字段内的数据，不能够再进行拆分（比如在某个字段中保存一个数组结构的数据，若该数据是可以拆分成多个字段的，则不符合该范式）。其主要目的是为了避免数据库中出现重复的数据。
◎ 第二范式（2NF）：在满足第一范式的前提下，数据表中的所有数据都要和该数据表的主键有完全的依赖关系。它表示的是，表中的每一个字段，都与本表有直接依赖，而不是间接相关，不可再拆分到另一张表中。在实践中，这指的是不能将多种类型的数据保存在同一张表中（比如，不能同时将商品信息和订单信息保存在同一张表中）。

◎ 第三范式（3NF）：要求所有非主键属性都只和主键有相关性。也就是说，多个非主键属性之间应该是独立无关的。第三范式可以被认为是比第二范式更进一步的更严格的规则。在实际应用中，应该避免非主键的字段是依赖另一个非主键计算产生的（例如，订单中的金额是通过订单的数量乘以商品单价计算得出的，这种做法应该避免）。

虽然遵循范式能够设计出冗余小、结构合理的数据库，但是它也有一些显著的缺点。NoSQL数据库的最大优势是它极其高效的查询能力。若只是简单地遵循范式设计，就可能会导致其性能受损。比如我们在商品表中，最常用的只有名称和价格两个字段，至于款式、型号、制造商等信息只在很少的情况下才会使用。这时候如果把这些商品信息都保存在同一张表中，势必会影响整体的查询性能。

因此，我们在设计数据模型时，不能为了杜绝冗余，一味地套用设计范式，而应该根据实际情况考虑各种方案的利弊。例如，有时为了提高查询效率，我们需要适当地保留冗余数据，以实现用空间换时间的目的。关于这一点，我们将在下面进一步探讨。

12.1.3 引用方式：规范数据模型

引用方式也是关系型数据库保存数据的主要方式，它通过引用信息（一般是 ID）来实现多个集合直接的文档关联。在图 12-2 所示的实例中，将文章与评论保存在了多个集合中，文章与评论通过 Article Document 的 ID 进行关联。

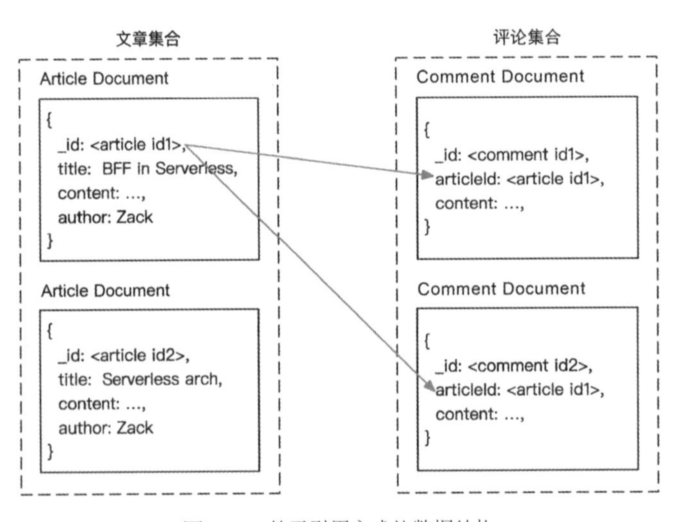

图 12-2 基于引用方式的数据结构

通过传统的引用方式组织数据在文档型数据库中并不是标准做法。只有当业务对应的领域模型足够复杂，并且需要支持十分灵活的查询方式时，才需要使用引用方式来组织数据。这是因为虽然引用方式提供了灵活的查询模式，但是它也会带来经典的 SELECT 1+*N* 问题。

SELECT 1+*N* 问题指的是为了取得目标数据，需要先完成一次查询返回一个包含 *N* 条数据的列表，然后再通过 *N* 次查询将这些数据中的附带信息找出来。该问题最早被发现于关系型数据库的 ORM（Object Relational Mapping，对象关系映射）框架中。在 ORM 中查询的 SQL 语句是自动生成的，若错误地使用了 ORM，则可能会造成该问题的出现。

在关系型数据库中，正确的做法是通过 JOIN 关联相关数据，实现一次查询可获取所需的数据。但是，MongoDB 并不支持关系型数据库中的 JOIN 能力，因此需要提前进行设计。

下面举一个实际场景的例子，以便更好地帮助我们理解 SELECT 1+*N* 问题。还是以前面的博客系统为例，假设我们已经完成了博客系统的基本功能（如文章和评论发布、编辑等），这时有一个新的需求：展示最新的 5 条评论。为了便于访客知道留言所在的文章，我们还需要将文章的标题一并展示出来。也就是说，我们需要根据评论发布的时间进行排序，获取最新的 5 条评论，并知道这 5 条评论所对应的文章。在关系型数据库中，我们可以通过 JOIN 实现。其 SQL 语句示例如下：

```
SELECT TOP 5 article.title, comment.content FROM comment LEFT JOIN article WHERE
article.id == comment.articleId order by comment.pubdate desc
```

在 MongoDB 中，由于没有 JOIN 功能，因此我们需要先从评论集合中查询出这 5 条数据。为了获取文章的标题，可通过评论数据中的 articleId，查询 5 次文章集合取得。这就是著名的 SELECT 1+*N* 问题在文档型数据库中的实际场景。虽然 MongoDB 后来支持了类似 JOIN 的能力，但其在性能上仍无法与关系型数据库相比。因此，对于这种场景，内嵌方式的文档结构将更适合我们。

对于这种场景，能提前设计成内嵌方式的文档结构显然是更好的；然而我们很难实现这一点，因为需求往往是无法预知的。如果我们已经上线了引用方式的版本，是否存在更好的解决方案呢？

这时候我们就需要违反数据库设计范式，保留更多的冗余数据了。在这个案例中的具体做法是，专门为该需求维护一个被称为最新评论的集合。每当有新的评论产生时，异步在该集合中插入一条数据，包含评论内容和文章标题等所需的字段。同时，需要考虑评论的新增速度。在数据量较小时这样做没什么问题；但如果评论的新增速度较快，可能就会带来写入的性能问题了。这时，可以将原来每条评论异步生成的方式改进为定时任务，例如每一个小时生成一次数据（再进一步，可以使用缓存）。这样，我们就实现了用空间换时间的目的。这样虽然多保存了一份副本，可能带来空间的浪费，但查询效率会得到明显的提升。不过，保存多份副本往往也会带来较多的数据同步问题。比如在删除数据时，需要将所有副本同时清理才行。

最后总结一下：引用方式可以提供十分灵活的查询方式，但往往需要应用程序使用多次查询来获取所需的数据。也就是说，它以牺牲查询性能的方式换取更大的灵活性。我们可以通过数据冗余的方式，提前准备数据，以实现更佳的查询性能。

12.1.4 内嵌方式：高效数据模型

内嵌方式指的是将含有层级结构的数据保存在一个单一集合中，其中的子集（数组或对象）挂载到父集合的某一个字段下。因为只需要维护一个对象，所以这种数据模型可以让数据的读/写操作更加便捷，一致性也更强。图 12-3 是一个内嵌方式的例子。这里的评论作为文章的子集，与文章保存在同一个集合中。

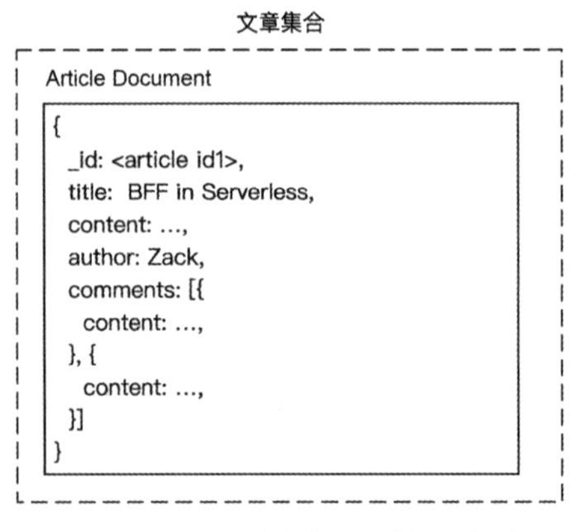

图 12-3 基于内嵌方式的数据结构

通过内嵌方式，我们能够十分方便地对数据进行查询和变更，客户端与服务端只需进行一次请求，就可以同步整个数据内容。同时，从图 12-3 中可以看出，内嵌方式的结构与 JSON 十分相似，因此其能够方便地转换为 JSON。因此，在 JavaScript 中对该结构的操作是相当便捷的，简单地设置相关属性的值，就可完成对数据的变更。

虽然与引用方式相比，内嵌方式带来了更好的查询性能和更便捷的操作，但当要进行一些复杂查询的时候其就显得力不从心了。这一点在层级数较多的集合中会比较明显。

我们同样以上面查询最新评论的需求为例，为了在基于内嵌入式的数据结构中实现相同的功能，需要更高的成本。我们需要查询最新的评论数据，但是所有的评论数据均挂载在文章集合的属性之下，因此无法直接对所有评论排序。我们并不知道哪篇文章中的评论是最新的，因此我们需要将所有数据取出并将评论数据聚合后，再对其进行排序，最终得到目标数据。虽然可以通过 MongoDB 提供 aggregate pipeline 中的 $sort 指令完成排序，但其内部实现也是将集合完全加载到内存中（内存足够的情况）再进行排序。这种方式在较大数据量的情况下，性能极差。

不过当数据量较小（百万级别的数据条数以下）时，这一问题并不明显。因此，一般来说，在项目初期我们会采用内嵌方式设计，以最小的成本快速实现相关功能并发布上线。当产品得到市场认可后，再根据具体的数据量情况逐步进行优化（以空间换时间）。实现成本、效率与性能之间的平衡。

12.2　使用数据存储服务

在了解了 MongoDB 的一些基本设计原则之后，我们接下来可以开始实战了。本节将介绍如何通过控制台和 SDK，访问阿里云小程序 Serverless 平台提供的数据存储服务。

12.2.1　通过控制台管理集合

在完成服务空间的初始化之后，我们就可以通过阿里云小程序 Serverless 平台来创建数据库集合了。

选择阿里云小程序 Serverless 平台左侧菜单中的“小程序 Serverless”→“云数据库”选项，点击“添加”按钮，输入集合名称“TEST”，即可完成服务空间的创建。服务空间创建完成后，我们就可以对这个数据库集合进行管理了，包括对数据执行添加、删除、修改等操作。

在此为了方便后续的实践，并让读者实际感受如何通过控制台管理数据，如图 12-4 所示，我们添加一条测试数据，内容如下：

```
{ "title": "Serverless For Frontend" }
```

除了对数据进行管理，阿里云小程序 Serverless 平台的控制台还提供了维护数据库集合索引的能力。

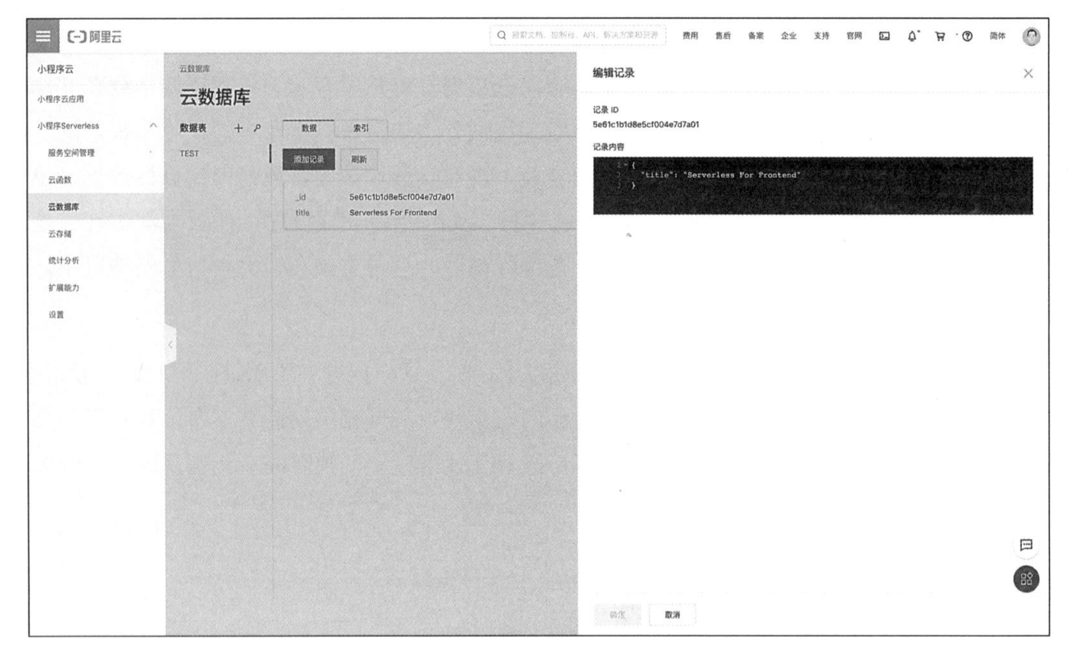

图 12-4　添加一条测试数据

索引的概念对于没有接触过数据库的前端研发人员来说可能有些陌生。索引，即数据库的索引，它是数据库系统中一个用来排序的数据结构，以协助数据库引擎能够快速查询、更新数据库表中的数据。索引在关系型数据库中使用得较为频繁。我们可以将最常排序的字段设置为索引字段，以提高其整体的检索速度。

索引按类型来分，可以分为聚集索引（Clustered Index）和非聚集索引（Nonclustered Index）。聚集索引的顺序与数据集中数据的物理顺序相同，反之则为非聚集索引。聚集索引和非聚集索引的概念对于开发者来说可能显得不太好理解。

下面我们以生活中的实际场景为例，加以阐述。当我们看到某个汉字，且不清楚它的具体含义时，可以通过查阅字典的方式学习和了解。这时候可通过两种不同的方式找到该字。一种方式是通过拼音进行查找，这是最便捷的一种方式。我们一般会先查找拼音索引，找到该字所在的页数范围，再到具体的页码中找到该字。因为我们知道拼音的顺序，所以，若能比较熟练地使用字典，甚至都无须先翻阅拼音索引，就能直接翻到该字在字典中的大概位置，再向前或向后查找即可。这是由于字典的正文也是按拼音的顺序进行排列的。

而另一种方式，则是按部首进行查找。这种方式的应用场景主要是查找那些我们不知道读音的生字。由于不知道字的读音，因此我们无法按照第一种方式进行查找。这时可以先查询这个字的部首，找到部首索引的位置后，再根据剩余的笔画进行查找。这时候，同一个部首的文字，会按索引集中在一起，方便查找。由于正文是按照读音进行排序的，因此这里同一个部首下不同的字，因为读音不同而可能分散在正文的各处。最后找到要查找的字后，即可找到其对应的页码。

这里的拼音索引为按实际物理顺序进行排序的索引，我们称其为聚集索引；而部首索引则将分散在各处的字及所在的页码集中在一个目录中，其并非与物理顺序对应，被称为非聚集索引。由于真实的物理顺序只有一种，因此在一个数据库集合中，也就只允许存在一个聚集索引（默认是 id 字段）。非聚集索引是允许存在多个的。另外，由于聚集索引是按物理顺序排序的，因此聚集索引的查找效率比非聚集索引要高一些。非聚集索引由于最终指向的是不同的位置，因此它并不适用于那些需要查找某个范围内多条数据的场景。

了解了什么是索引之后，我们就可以通过控制台来添加或删除索引了。

如图 12-5 所示，点击“添加索引”按钮后，在弹出的表单中填入索引名称，并选择索引类型（“唯一”即代表聚集索引，“非唯一”则代表非聚集索引）。最后，添加对应的字段和排序规则。

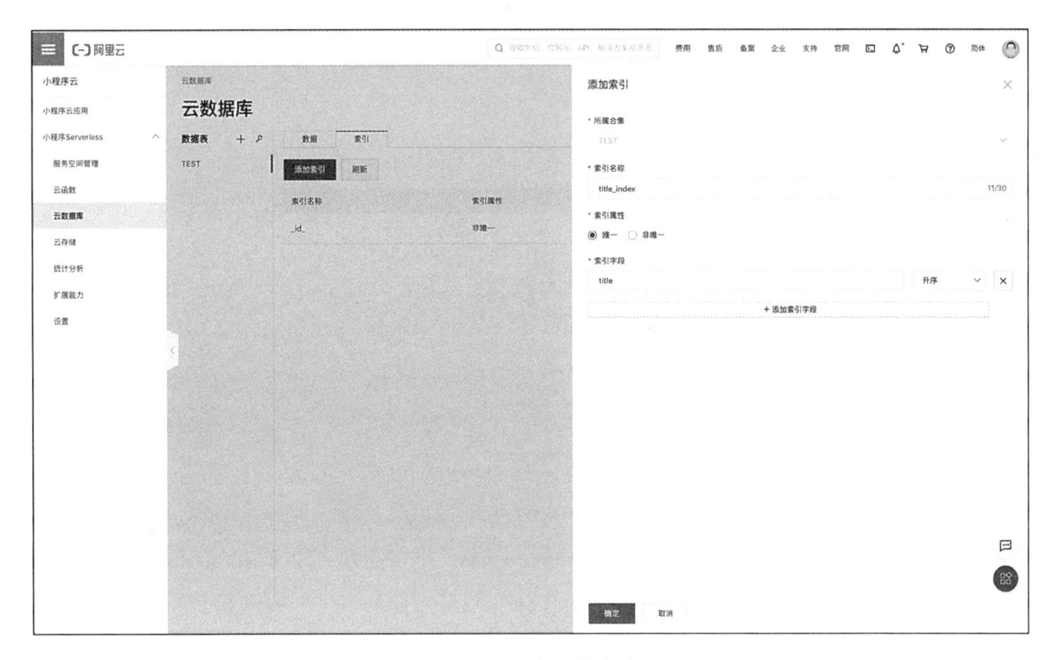

图 12-5　添加聚集索引

12.2.2 通过客户端查询数据

我们在第 11 章中已完成了客户端工程的初始化工作。这里可以直接通过已经集成好的 SDK 调用 API 来访问相应的服务。其 API 挂在 mpServerless.db。

通过下述代码，即可获取我们在 TEST 数据集中添加的数据：

```
// pages/index.index.js
const app = getApp();
app.mpServerless.db.collection('TEST').find().then((res) => {
  console.log(res.result);
});
```

在 db.collection 的实例中，SDK 提供了一系列 API，方便对数据集进行操作，SDK 的用法与 MongoDB API 基本一致。在上面的实例代码中，我们使用了 find 方法来查询数据。包括 find 在内，db.collection 一共提供了以下十余种 API。

- ◎ aggregate：对数据库执行聚合查询。
- ◎ count：获取集合中符合条件的记录数量。
- ◎ deleteOne：删除集合中的一条记录。如果没有查询条件，则默认删除第一行数据。
- ◎ deleteMany：删除集合中的一批记录。
- ◎ distinct：获取某个属性去重后的所有记录。
- ◎ find：查找集合中符合条件的所有记录。
- ◎ findOne：查询单条记录。
- ◎ findOneAndDelete：查询并删除一条记录。
- ◎ findOneAndReplace：查询并整体替换一条记录。
- ◎ findOneAndUpdate：查询并更新记录。
- ◎ replaceOne：查询并替换一条记录。
- ◎ insertMany：在集合中添加一批记录。
- ◎ insertOne：在集合中添加一条记录。

12.2.3 在云函数中调用

除直接在客户端调用外，阿里云小程序 Serverless 平台提供的数据存储服务还可以直接通过云函数调用。云函数就是我们之前介绍的 FaaS，它的用法与阿里云函数计算（FC）如出一辙。不同的是云函数在运行环境的层面打通了 BaaS 相关服务（比如，这里的数据存储服务），可在云函数中直接调用这些服务。

如图 12-6 所示，选择阿里云小程序 Serverless 平台左侧菜单中的“小程序 Serverless”→“云函数”选项，之后点击“新建云函数”按钮，并在表单中填入函数名称“getData”，最后点击“确定”按钮，即可完成函数的创建。

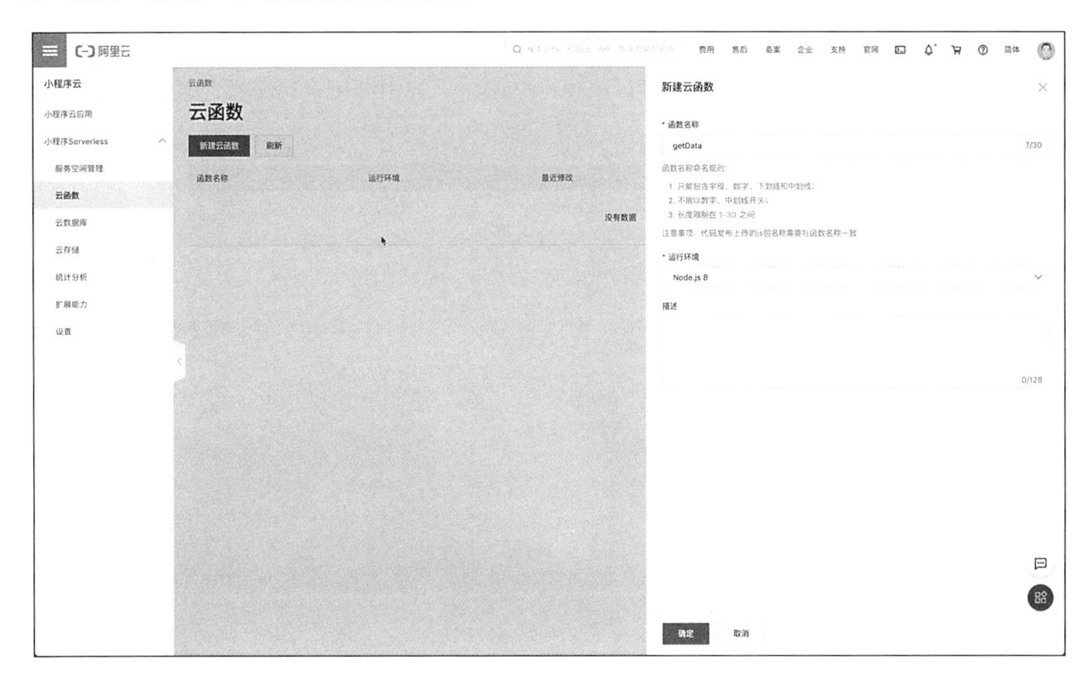

图 12-6　创建云函数

创建完云函数后，我们进入函数管理界面。与阿里云函数计算（FC）不同的是，它没有提供代码的在线编辑能力，因此我们需要将函数在本地编写完成后，再打包上传并部署。

我们在小程序源码中添加 server 目录，以便保存我们的云端代码。之后在 server 目录下创建 getData/index.js 文件来保存测试函数的代码。其实现如下：

```
// server/getData/index.js
module.exports = async (ctx) => {
  const res = await ctx.mpserverless.db.collection('TEST').find();
  return res.result;
};
```

然后，我们需要将编辑好的函数 getData 进行打包。这可以通过操作系统的文件管理系统完成，也可以在 server 目录下使用以下命令完成：

```
$ zip -r getData.zip getData

adding: getData/ (stored 0%)
adding: getData/index.js (deflated 41%)
```

最后，将得到的 getData.zip 上传到控制台，并点击“代码部署”按钮完成函数的发布。

与阿里云函数计算（FC）类似，我们可以在控制台中测试刚才上传的函数。如图 12-7 所示，点击“代码执行”按钮，并在弹出的窗口中点击“确定”按钮即可执行函数。其运行结果将如图 12-7 所示。

图 12-7　在线测试云函数

测试无误后，我们就可以在客户端调用云函数了。在小程序源码中，我们可以通过 function.invoke 实现云函数的调用。最后云函数通过 API 调用数据存储服务。

```
const app = getApp()
app.mpServerless.function.invoke('getData').then((res) => {
  console.log(res.result);
});
```

通过云函数来使用数据存储服务的好处是，我们可以将一些数据处理逻辑（如字段内容校验、格式转换等）在云端运行，而不必担心数据处理逻辑暴露在客户端中被恶意篡改。

12.2.4　数据权限管理

阿里云小程序 Serverless 平台为每个服务空间中的数据库生成了一个默认的权限策略，该策略主要用于通过云函数或客户端 SDK 访问数据库时进行权限控制。该策略是通过 JSON 进行描述的。生成的默认策略针对所有的数据，让访问的云函数或客户端 SDK 只拥有数据的读取权限，而没有写入权限。其 JSON 结构如下：

```
{
  "db": {
    "*": {
      ".read": true,
      ".write": true
    }
  }
}
```

其中，第二层级的 * 表示匹配数据库中的任意集合；也可以指定单独的集合。而第三层级中的 key，即.read 和 .write 分别表示读/写操作（也可以直接用 * 表示所有操作）。系统通过一个布尔值判断云函数或客户端 SDK 是否具有此权限，目前支持的取值是 true、false 以及 request.auth.userId == resource.auth.userId。其中，request.auth.userId == resource.auth.userId 即表示请求的用户，需要与资源创建的用户一致才具有权限。

这里可以根据应用的实际情况进行配置。我们为了方便后续的测试，直接将其修改为所有用户均具有对所有集合的读/写权限，其 JSON 如下：

```
{
  "db": {
    "*": {
      "*": true
    }
  }
}
```

12.2.5　实践：数据的 CURD

前面介绍了如何通过控制台、客户端和云函数这 3 种不同的方式来获取数据。但仅仅获得数据是不够的，在应用中我们通常还需要对数据进行编辑或删除等操作。在数据库的操作中，有 4 个基本操作，即增加、更新、查询和删除，这通常也被简称为 CURD（即 Create、Update、Read、Delete）。这几个操作是针对某个特定资源的原子操作，也是最常使用的 4 种操作。在 Web

领域中，HTTP 的 4 种 Method（即 POST、PUT、GET、DELETE）方法通常直接与其进行映射。那么，如何通过 BaaS SDK 完成这些操作呢？

若要查询数据，则通常使用 find(query, options)，该方法接收两个参数。其中，query 是集合的查询条件，而 options 则是一些控制条件，包括返回行数、跳过行数、排序规则等。

```
// 查询所有的数据
app.mpServerless.db.collection('TEST').find();

// 根据条件查询指定的数据
app.mpServerless.db.collection('TEST').find({ title: 'Serverless For
Frontend' });

// 查询指定的数据，并排序返回第 6～8 行的 3 条数据
app.mpServerless.db.collection('TEST')
  .find({title: 'Serverless For Frontend', { title: -1, skip: 5, limit: 3 }});
```

若要更新数据，则可以使用 updateOne(filter, update, options) 或 updateMany(filter, update, options)。这两个 API 的参数相同，filter 表示过滤条件，update 表示需要更新的文档，options 则表示一些控制条件。二者的唯一不同可从命名中看出， updateOne 是更新单条数据，而 updateMany 则会更新符合条件的所有数据。

```
// 更新单条数据
app.mpServerless.db.collection('TEST').updateOne(
  { title: 'Serverless For Frontend' },
  { $set: { title: 'SSR' }}
).then((res) => {
  console.log(res.result);
});
```

若要增加数据，则可以使用 insertOne(document)。使用它可以向集合中添加一条数据。唯一的一个入参是需要插入的文档数据。

```
// 插入一条数据
app.mpServerless.db.collection('TEST').insertOne({
    title: 'BFF'
})
.then(res => {
  console.log(res.result);
});
```

若要删除数据，则可以使用 deleteMany(filter)。它可以批量删除符合筛选条件的数据。

```
// 删除一条数据
app.mpServerless.db.collection('TEST').deleteMany({
    title: 'BFF'
})
.then(res => {
  console.log(res.result);
});
```

至此，我们介绍了数据服务针对数据集的 4 种基本操作。这可以满足应用开发 80% 以上的诉求。

本章小结

本章介绍了 MongoDB 数据结构设计的基本原则，同时以阿里云小程序 Serverless 平台为例，介绍了如何使用 BaaS 服务实现数据的持久化。在此可以看出，与传统的数据库服务相比，基于 BaaS 的数据存储服务实现了开箱即用的能力。我们只需要在控制台通过简单的配置，即可在客户端中对数据集进行操作，而无须关注操作系统的选择、数据库类型的选择和数据库版本的升级等一系列问题。这使得我们可以更快速地完成应用对于数据的存储需求，并可将更多的时间投入客户端的开发当中。

第 13 章将介绍另一项 BaaS 能力：文件的存储与分发。

第 13 章

文件的存储与分发

对于应用开发来说，最常用的后端能力除数据库服务外，就要属文件服务了。无论是我们发布 Web 应用本身，还是访问应用中的各种资源，从本质上来说都是对文件的请求。浏览器将文件从服务器中下载到内存中，再进行解析和渲染。

基于 BaaS 的场景，我们主要会用到两种与文件相关的服务，它们是负责文件分发的 CDN 服务和负责文件持久化的文件存储服务。相信前者对于前端研发人员来说并不陌生，但后者对于没有接触过后端的研发人员来说就不太熟悉了。本章将分别介绍 CDN 服务和文件存储服务这两项技术的使用场景及基本原理，之后介绍 Serverless 服务和前端工程在文件服务的场景下是如何相结合的。最后，我们将通过阿里云小程序 Serverless 平台实现文件管理和分发。

13.1 内容分发网络（CDN）

内容分发网络，即 CDN（Content Delivery Network），指的是一种通过互联网互相连接的计算机网络系统，利用最靠近每位用户的服务器，更快、更可靠地将音乐、图片、影片、应用程序及其他文件发送给用户的技术，它让开发者可以提供性能更好、可扩展性更强的服务，同时还使得开发者具有更低的计算资源成本。

13.1.1 性能优化的利器

CDN 技术指的是将未来用户可能会请求的各种静态文件，提前分发至离用户最近的服务器节点中。这样当用户真正发起请求的时候，就可以更加快速地获得所需要的文件。这与目前物流领域中十分流行的前置仓概念十分类似，二者都是将用户需要的物品提前放置到用户能够更快获取的地点，最终达到提升用户体验的目的。

将静态资源服务器放到不同地点，还可以减少对核心应用服务器的压力，进而降低服务器的成本。除此之外，由于将资源分发到了多个机房中同步，这相当于提供了异地热备份的能力，当某处的资源不可用时，可以向其他副本请求，这样静态资源服务的稳定性得以提升。

最后总结一下 CDN 的优势，即提高了文件发送的性能，降低了计算资源的费用，提高了应用服务器的稳定性。

13.1.2　CDN 加速的基本原理

最基本的 CDN 服务通常由多个边缘节点（包括 DNS Server 和 CDN Server）以及一个中心节点构成。

图 13-1 展示了一个简化的 CDN 拓扑图。其流程如下：

- ◎ 首先，当客户端通过 URL 对一个网络资源发起请求后，客户端将根据 CDN 域名查询 DNS Server。
- ◎ 查询时，DNS Server 的实现实际是一个树状结构，因此浏览器将层层向上查找，直到找到 CDN 域名对应于中心节点的 Root DNS Server。
- ◎ 随后，中心节点的 Root DNS Server 将根据客户端所在的位置，返回一个最近的边缘节点所对应的 IP 地址。
- ◎ 最后，客户端获得该 IP 地址之后，即可向边缘节点发起资源请求。

那么，数据又是如何从中心节点分发到多个边缘节点的呢？CDN 服务提供了拉取（Pull）和推送（Push）两种模式来应对不同的场景。

拉取（Pull）机制指的是，当第一位用户从边缘节点请求资源时，由于文件并不存在，因此这时候边缘节点将立即从中心节点获取用户需要的文件，并返回给用户。也就是说，用户会主动从服务器“拉取”资源。同时，边缘节点会将该文件进行缓存，以便之后的用户请求。至于资源具体缓存的时长以及缓存超时后的处理方式等配置，则由该模式的回源策略决定。拉取模式占用的边缘节点存储空间小于中心节点。

推送（Push）模式指的是，当中心节点的源文件有更新时，中心节点主动将更新内容全量推送到边缘节点。这样每一个边缘节点就是中心节点的镜像。推送模式由于采用了全量镜像下发的方式实现，因此边缘节点与中心节点的存储空间大小一致。由于只有在内容更新时才会推送，因此中心节点和边缘节点之间的传输流量要远小于拉取模式时的传输流量。

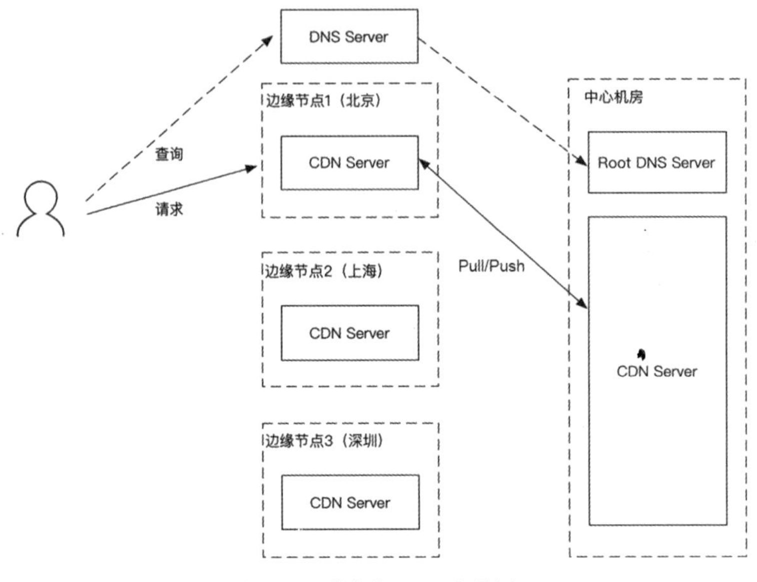

图 13-1 简化的 CDN 拓扑图

至于具体使用拉取模式还是推送模式，需要根据实际的应用场景来决定。由于拉取模式的整体逻辑更为简单，因此在大多数 Web 缓存的场景中，我们一般采用拉取模式。

13.1.3 文件存储与 CDN

如果我们只是存储在研发过程中产生的静态资源（如前面提到的 JavaScript、CSS 代码文件），那么可以直接将它们推送到 CDN。但如果我们需要存储多媒体文件（如图片、视频、音频等），应该怎么办呢？图 13-2 展示了一个将多媒体文件保存在应用服务器中的方案。不过，该方案也存在不少问题。首先，因为每台服务器的存储空间是有限的，所以，虽然我们可以针对本地数据存储区申请更大的磁盘空间来应对这个问题，但这并不是一个经济的选项，并且开发者维护起来也十分困难。其次，这些多媒体文件若是通过官方生成的，那么可以提前配置磁盘空间；但若是通过用户行为产生的（如用户上传），则很难进行预测。因此，我们需要不停地扩展磁盘空间，以确保有足够的存储空间满足用户的需求。最后，由于这些文件保存在应用服务器中，因此当用户需要访问这些文件时，增加了服务器带宽的压力。

这时，我们就需要将这些文件托管到云计算专门的文件系统（即文件存储服务）中了。

文件存储服务指的是专门用来存储文件，实现对文件统一管理的服务。使用文件存储服务时，开发者无须关心文件保存的物理位置或该服务所在的具体服务器；文件存储服务与数据库服务一样，都是 PaaS 服务的一种。

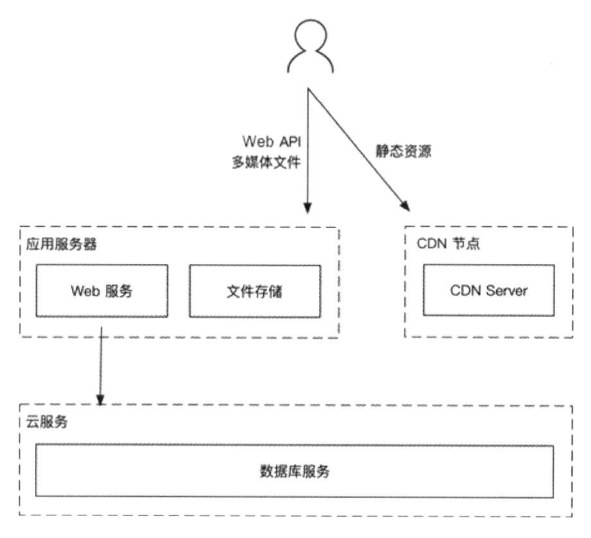

图 13-2　基于本地存储的应用架构

如图 13-3 所示，使用由云计算供应商提供的文件存储服务，无须担心容量问题。并且，由于流量不再经过应用服务器，因此可以大幅度地降低应用服务器的带宽压力和成本，提高应用服务器的性能。同时，文件存储服务还可以与 CDN 绑定，实现内容的自动分发，提高文件在客户端的加载速度。

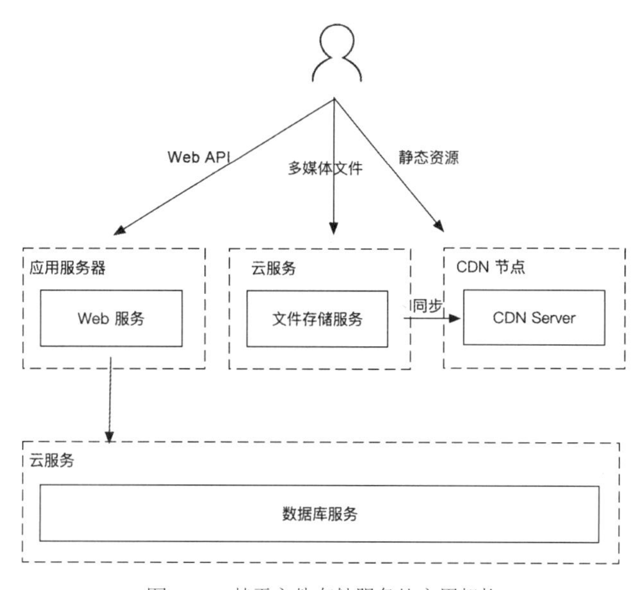

图 13-3　基于文件存储服务的应用架构

13.2 使用文件存储服务

如果我们直接使用云计算供应商提供的文件存储和内容分发这样的 PaaS，就需要进行一系列的配置工作，包括进行 CDN 的回源策略、缓存策略、域名证书、安全管控的配置，以及进行文件存储服务的存储类型、空间管理、访问控制的配置，还要配置文件存储和内容分发的同步策略，等等。而像阿里云小程序 Serverless 平台这样的 BaaS 平台，提供了开箱即用的能力，让我们无须经过大量初始化工作，就可以直接使用这些服务。阿里云小程序 Serverless 平台提供的 BaaS 文件存储服务，底层也是基于阿里云的 OSS（Object Storage Service，对象存储服务）实现的，所以它能提供持续稳定的服务。

在小程序中，小程序自身的代码文件（JavaScript、CSS、HTML 等）直接交由小程序平台负责托管，因此该平台并未提供对代码文件的托管能力。该平台目前支持的文件类型主要包括图片、音频和视频等常见格式。

13.2.1 通过控制台管理文件

最简单的文件管理方式是通过控制台进行管理，通过控制台我们可以实现文件的上传、浏览和删除。

如图 13-4 所示，在阿里云小程序 Serverless 平台中选择“小程序 Serverless”→“云存储”选项，随后点击“上传文件”按钮，在弹出的表单中选择希望上传的本地文件，等待文件上传完成即可。

上传文件后，后台将自动同步至 CDN 各节点。点击文件的“详情”按钮，可以查看图片文件的 CDN 路径。

若要删除文件，则只需要点击右侧操作区域的“移除”按钮，并在弹出的对话框中点击“确定”按钮即可。

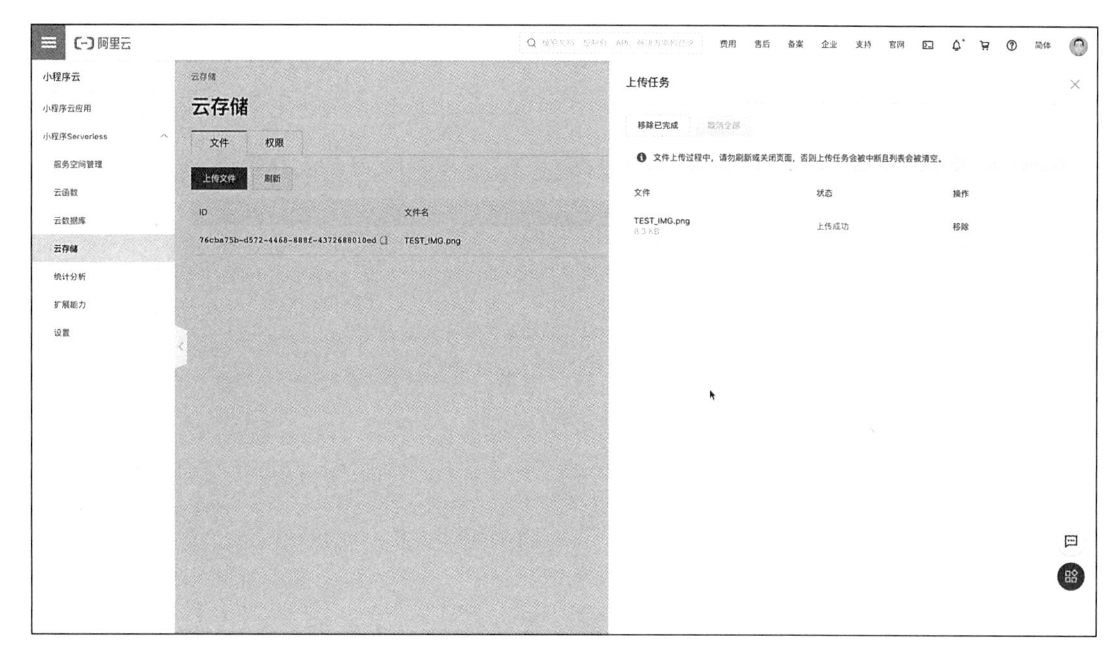

图 13-4　通过控制台上传文件

13.2.2　文件的权限管理

与第 12 章的数据存储服务功能一样，文件存储服务功能同样支持对文件的上传和访问提供权限管控。其默认配置为所有用户均可上传文件，但上传的文件只有上传用户自己可以访问，其内容同样使用 JSON 表示。

点击“小程序 Serverless”→“云存储”选项，之后选择“权限”选项卡，即可看到如下内容：

```
{
  "file": {
    "*": {
      ".write": "request.auth.userId == resource.auth.userId"
    }
  }
}
```

其中第二层级的 * 表示匹配全部文件。也可以通过正则表达式，实现按特定路径或按特定后缀的文件类型进行控制，如下面的 JSON 表示允许用户上传或浏览 PNG 文件：

```
{
  "file": {
    "/.*\\.png/": {
      "*": true
    }
  }
}
```

13.2.3 使用 SDK 上传

虽然应用的多媒体资源可以通过平台上传，但若这些资源是由用户生成的，我们就无法通过平台上传了。这时，需要在应用的客户端中集成文件上传的能力。与数据库一样，直接通过 BaaS SDK，可以十分便捷地实现文件上传功能。

在 mpServerless.file 这个 SDK 中，提供了 uploadFile 和 deleteFile 两个方法，分别用来上传和删除文件。在微信小程序中，我们首先需要使用 wx.chooseImage 来从本地相册中选择或使用相机拍照获得图片。chooseImage 会将图片保存在 App 的本地缓存中，然后通过 mpServerless.file.uploadFile 将文件上传至文件服务器，随后自动将文件分发至 CDN，并返回文件的 CDN 地址。

通过以下代码，我们可以实现文件上传功能，并得到最终的文件 URL：

```
wx.chooseImage({
  count: 1,
  success: (res) => {
    const options = { filePath: res.tempFilePaths[0] };
    mpServerless.file.uploadFile(options).then(console.log);
  },
});
```

13.2.4 实践：实现图片的上传和展示

介绍完文件存储服务的基本功能后，我们就可以实际应用了。

在本节中，我们将基于微信小程序和阿里云 Serverless 平台，实际开发一个包含图片上传的完整页面，并且上传图片后，用户可以查看自己上传的图片列表（为了简化演示功能的代码，在此不做用户的识别）。

通常，为了方便查询和管理用户上传的文件，我们会在文件上传的同时，向数据库中插入一条对应的元信息，这样就可以直接通过查询数据库来获取用户上传的图片列表了。因此，这里我们也采用这种方式。我们首先到阿里云小程序 Serverless 平台的“小程序 Serverless”→“云数据库" 中添加一个新的集合 DEMO_USER_IMAGE，以保存图片的元信息。

集合创建完成后，就可以开始编码了。

在微信小程序源码中，首先找到对应的入口页面 index.wxml，添加上传按钮，并绑定到 uploadImage 方法：

```
<!-- pages/index/index.wxml -->

<view class="container">
  <view class="btn">
    <button bindtap="uploadImage">上传图片</button>
  </view>
</view>
```

随后，我们在 uploadImage 函数中，调用 wx.chooseImage 来获取用户选择的图片，再将选择的文件通过 mpServerless.file.uploadFile 上传至阿里云的文件存储服务中。最后，我们将返回的 URL 写入上面创建的数据库中。

由于用户可能一次性选择多张图片，因此我们需要通过遍历的方式，将缓存的文件逐一取出进行上传。同时，为了取得一个更好的用户体验，我们希望在文件上传前后给予用户一个相应的状态提示，包括上传中的进度和上传完成信息。文件上传中和上传完成可以分别使用微信 API 提供的 wx.showLoading 和 wx.showToast 实现。但是，由于多个文件上传是一个批量的异步过程，需要在所有文件都上传完成后再显示提示，因此这里需要使用 Promise.all 来实现批量异步的管理。具体代码如下：

```
// pages/index/index.js

const app = getApp();

Page({
  uploadImage: function() {
    wx.chooseImage({
      success: async (res) => {
        wx.showLoading({ title: '上传中' });
        const tasks = res.tempFilePaths.map(createUploadPromise);
        await Promise.all(tasks);
        wx.hideLoading();
```

```
        wx.showToast({ title: '上传完成' });
      },
    });
  },
});

const createUploadPromise = (filePath) => new Promise(async (resolve, reject)
=> {
  try {
    const image = await app.mpServerless.file.uploadFile({ filePath });
    const res = await
app.mpServerless.db.collection('DEMO_USER_IMAGE').insertOne({
      url: image.fileUrl,
      date: new Date,
    });
    res.success ? resolve() : reject(res);
  } catch(e) {
    reject(e);
  }
});
```

完成图片的上传功能后，我们就可以开始实现图片的展示功能了。

我们已将用户上传图片的元信息保存到了数据库中，因此只需要从数据库中查询并获取图片信息，绑定到 state 中即可。

```
// pages/index/index.js

const app = getApp();

Page({
  data: {
    images: [],
  },
  onLoad: async function() {
    const list = await getList();
    this.setData({ images: list });
  },
  // ...
});

// ...

const getList = async () => {
```

```
  const res = await app.mpServerless.db.collection('DEMO_USER_IMAGE').find();
  return res.result.map((item) => item.url);
}
```

随后，图片即可显示在页面中。但是，由于用户可能上传的图片文件较大，因此通常在展示图片列表时，我们需要进行缩放，通过缩略图的方式来提高加载速度、节省用户流量。

我们前面提到，阿里云小程序 Serverless 平台的文件存储服务基于阿里云的 OSS 实现，因此文件存储服务也具备了 OSS 的一些能力。其中，OSS 针对图片提供了相关的处理服务，能够十分方便地对图片进行加工，包括对图片执行缩放、裁剪、旋转、增加水印等操作。这些操作同样可以在控制台或通过 SDK 完成。另外，由于是对文件的处理，因此它还支持一种更加便捷的方式——根据 URL 的参数进行处理。我们无须在后端进行任何编码或配置，即可实现对图片的一系列处理操作。

针对图片的 URL，我们可以采用在其最后增加参数 ?x-oss-process=image/action1,value1/action2,value2/... 的方式，实现流式的图片处理模式。在这里，我们需要使用缩放功能。通过 OSS 文档可以知道，可以使用命令"resize,m_fill,h_100,w_100"来将图片大小处理为 100 像素×100 像素。其中，resize 表示进行缩放处理，m_fill 表示缩略模式为固定宽高的居中裁剪，"h_100,w_100"表示裁剪的高宽分别为 100 像素。

因此，我们只需要在图片的 URL 中拼接参数 ?x-oss-process=image/resize,m_fill,h_100,w_10 即可，代码如下：

```
// pages/index/index.js

// ...

const getList = async () => {
  const res = await app.mpServerless.db.collection('DEMO_USER_IMAGE').find();
  return res.result.map((item) =>
`${item.url}?x-oss-process=image/resize,m_fill,h_100,w_10`);
}
```

最后，在 index.wxml 中添加对应的图片展示标签（由于篇幅的原因，我们采用了样式内联的方式实现布局。在实际的业务开发中建议使用独立的样式文件实现，以提高应用程序的可维护性）：

```
<!-- pages/index/index.wxml -->
```

```
<view style="display: flex;flex-direction: column;">
  <view>
    <button bindtap="uploadImage">上传图片</button>
  </view>
  <view style="display: flex; flex-wrap: wrap; margin-top: 20px;">
    <image wx:for="{{images}}" src="{{item}}" style="width: 50px; height: 50px;
padding: 1px;" />
  </view>
</view>
```

为了实现更好的用户体验，我们可以在用户上传图片文件后自动更新图片列表，并且在图片列表的查询过程中向用户展示相应的页面提示，完整的代码如下：

```
// pages/index/index.js

const app = getApp();

Page({
  data: { images: [] },
  onLoad: async function() {
    this.refreshImages();
  },
  refreshImages: async function() {
    wx.showLoading({ title: '数据获取中' });
    const list = await getList();
    this.setData({ images: list });
    wx.hideLoading();
  },
  uploadImage: function() {
    wx.chooseImage({
      success: async (res) => {
        wx.showLoading({ title: '上传中' });
        const tasks = res.tempFilePaths.map(createUploadPromise);
        await Promise.all(tasks);
        this.refreshImages();
      },
    });
  },
});

const createUploadPromise = (filePath) => new Promise(async (resolve, reject)
=> {
  try {
    const image = await app.mpServerless.file.uploadFile({ filePath });
```

```
    const res = await
app.mpServerless.db.collection('DEMO_USER_IMAGE').insertOne({
      url: image.fileUrl,
      date: new Date,
    });
    res.success ? resolve() : reject(res);
  } catch(e) {
    reject(e);
  }
});

const getList = async () => {
  const res = await app.mpServerless.db.collection('DEMO_USER_IMAGE').find();
  return res.result.map((item) =>
`${item.url}?x-oss-process=image/resize,m_fill,h_100,w_10`);
}
```

至此，我们基于阿里云小程序 Serverless 平台，在没有编写一行后端代码的情况下，实现了微信小程序中的图片上传和展示功能。最终效果如图 13-5 所示。

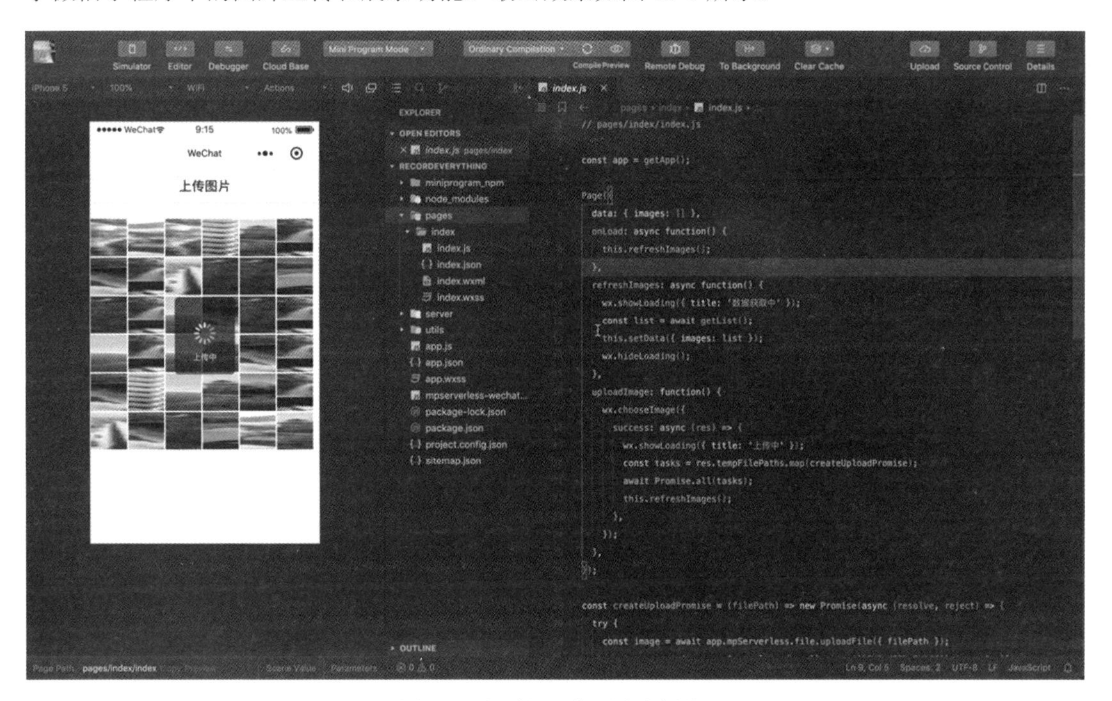

图 13-5　图片的上传和展示效果图

本章小结

本章介绍了 BaaS 中的文件存储服务。至此，在小程序场景中，我们已经可以使用函数、数据存储和文件服务三项最重要的后端能力；再配合微信小程序通过 SDK 提供的基础能力（如用户身份的认证和权限控制，主动触达用户的消息通知推送等），基本上已经能够完成一个完整小程序的开发工作了。

但在开放的 Web 或 H5 应用场景中，这些功能仍然需要开发。不过，部分云计算供应商已经注意到了这个问题，并开始将这些能力包装成 BaaS 服务，以便开发者能够开箱即用。

在第 14 章中，我们将以账户系统为例，介绍如何在 Web 中使用 BaaS 能力，以便在更开放的场景中，体验 Serverless 所带来的乐趣和价值。

第 14 章
用户身份识别与授权

用户账户系统，几乎是每一个应用必备的基础功能。如果没有用户账户，那么我们就无法识别不同的用户，也就无法针对不同的用户提供不同的服务，不同用户存储的数据将无法区分。用户账户系统可以分为两大部分，分别是用户身份认证和用户信息存储。本章主要介绍的是用户身份认证。

我们将先从用户身份认证的标准化谈起，随后介绍基于 Serverless 理念的 IDaaS（Identity as a Service）。IDaaS 属于 BaaS 的一种。最后，我们还会以 IDaaS 的主流供应商 Auth0 为例，构建一个具备完整用户账户系统的应用。

14.1　认证的演进

现在，每年都会诞生数量惊人的移动应用，每个应用都有自己的用户账户系统。然而，这些应用的开发者没有考虑到的是，每一个用户都需要在这些不同的应用上注册账户，这给用户带来了一些问题。其中一部分用户选择使用相同的用户名和密码来注册。倘若一个应用因为某种原因导致用户的账户和密码泄露，那么该用户在不同站点的用户凭证都将暴露，这带来了相当高的安全风险。因此，为了规避这个问题，另一部分用户采用了不同应用使用不同的用户名和密码的策略，但这又导致了大量的用户名和密码需要被记忆的问题。

既然所有应用都需要身份认证，那么是否能够创建一个全球统一的账户系统呢？这样，每当我们需要识别用户时，只需要调用一个统一的第三方服务，完成用户登录后，应用即可取得对应的用户 ID，再通过这个用户 ID 在数据库中查询与该用户相关的信息和数据来提供服务即可。

14.1.1 统一身份认证：OpenID

实际上在十几年前就有人想到了这个问题。当时不仅有这样一个服务，它还有一个标准，包含一套完善的架构设计和标准。这就是 OpenID，一个去中心化的身份认证系统。图 14-1 是 OpenID 的官网介绍。

图 14-1 OpenID 的官网介绍

开发者只需要接入 OpenID 服务，无须其他任何改造，就可以实现整个用户账户系统的功能。由于不同的站点可以使用同一个 OpenID 服务，因此用户无须设置不同的用户名和密码，他们只需要提前在一个提供 OpenID 身份认证服务的网站上注册一个账户，所有集成了 OpenID 的站点，就都可以通过这一套账户进行登录了。另外，OpenID 自身是去中心化的系统架构设计；也就是说，不仅任何网站都可以使用 OpenID 来提供用户登录功能，并且任何网站也可以成为 OpenID 身份认证服务的提供者。

基于 OpenID 的账户登录认证流程十分简单。在了解其流程之前，首先需要知道它的一些基本定义。其主要包含如下 4 个定义：

◎ 最终用户（End User）：想要向某个网站表明身份的人，即通过浏览器登录的用户。

◎ 标识符（Identifier）：最终用户用以标识其身份的 ID。

◎ 身份提供者（IdP，Identity Provider）：提供 OpenID 注册和认证服务的服务提供者。

◎ 依赖方（RP，Relying Party）：想要对最终用户标识符进行认证的网站，也就是真正提供登录功能的站点。

如果一个应用网站希望使用 OpenID 提供登录服务，那么只需要将 OpenID SDK 集成到站点中，然后在需要登录的地方，通过 SDK 跳转到登录页面。

OpenID 的身份认证流程如图 14-2 所示。当用户希望登录这个应用站点（RP）时，他首先需要在该 OpenID 对应的身份提供者（IdP）处注册账户。当登录时，用户会被引导到自己所注册的身份提供者（IdP）的登录页面，输入账号信息后即可完成登录。最后，将登录取得的 Token 传回应用网站（RP），应用网站再通过接口向身份提供者查询 Token 的有效性。至此，登录过程就完成了。

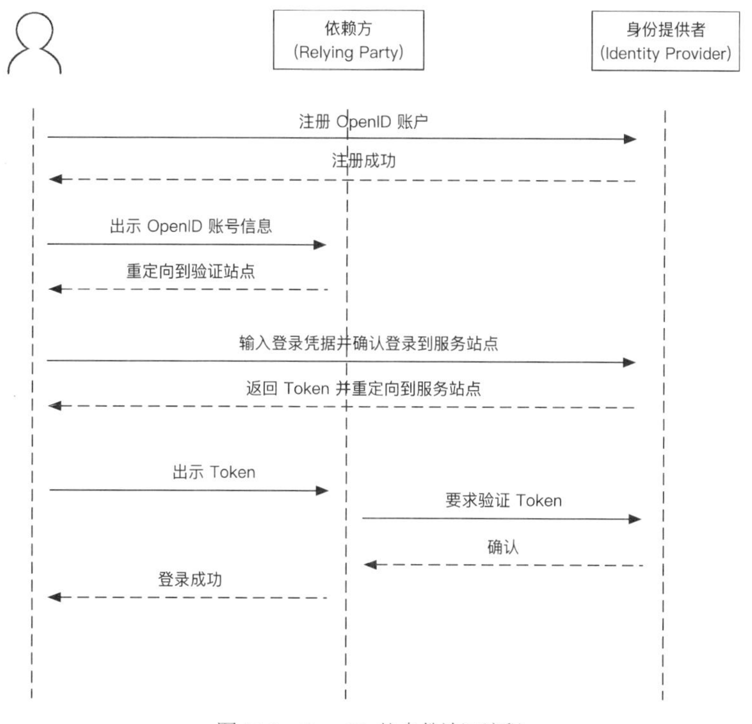

图 14-2 OpenID 的身份认证流程

OpenID 最初由 LiveJournal（开源社交网站） 的布莱德·菲兹派翠克（Brad Fitzpatrick）在 2005 年提出并实现，随后 Yahoo、Google、AOL 和 SourceForge 等公司都支持了该登录方式。然而遗憾的是，虽然 OpenID 的愿景十分美好，并且我们也希望有一个统一的登录体系，但它至今也没有大规模流行起来，甚至已经开始被新的方案所取代。究其原因，我认为主要有以下几方面。

首先，站在用户的角度来看，虽然不同的网站需要管理多套登录凭证，但至少不会出现隐私风险。比如我们可能并不希望自己在某个垂直专业领域的论坛，与在一个娱乐社区中使用完全相同的账户名。通过同一个账户名进行关联搜索，可以了解用户个人的兴趣爱好、涉猎内容，甚至生活习惯。因此，部分用户出于隐私安全方面的考虑，不希望使用同一套用户名。另外，从用户账户的安全角度来看，使用这种登录方式，用户自己仍然需要承担一定的安全风险。这是因为具体到身份服务认证方的选择时，由于它是去中心化设计的，因此任意网站都是可以提供认证服务的。那么具体选择哪一个认证网站作为统一账户的托管方才是真正安全可靠的，需要用户自行判断和抉择。因为一旦选择了其中一个认证站点，我们将很难再切换到另一个认证站点。若这个认证站点关闭了服务，则会导致我们在所有网站中均无法登录；显然这是大多数用户无法接受的。

其次，作为应用站点，很少有只提供 OpenID 登录的（比如 Google 虽然支持 OpenID 登录，但其仍有自己的账户体系）情况，因此，OpenID 通常仅作为第三方登录的一种选择。这是因为应用站点与用户一样，同样也会担心服务的可靠性。虽然它是去中心化的，但用户却只能固定选择某一特定提供认证服务的站点。因此，一旦对应的认证站点不可用，用户就无法登录到应用站点了。所以，出于应用站点账户方面稳定性的考虑，应用站点不会完全依赖 OpenID 来实现登录能力。

最后，作为一个技术架构设计，OpenID 的理念确实是成功的；但站在商业化的角度来看，认证服务的提供方提供了服务，但几乎毫无收益。正如我们前面提到的，用户账户系统分为用户身份认证和个人信息资料两大部分，而认证服务却只提供了前者，后者的数据由实际的应用服务站点自行保存。因此，认证服务的提供方除知道用户的登录名外，无法获取任何其他有价值的数据。也就是说，认证服务的提供方，需要维护一个长期没有收益的认证服务系统。显然，这是不可持续的。

由于上面的种种原因，OpenID 在国外一直处于不温不火的状态，而在国内则几乎没有什么知名度。这是由于 OpenID 还没来得及在国内普及，就已经被新一代的账户授权协议所替换，而后者解决了在 OpenID 中的种种问题，从而得到了市场的认可，它就是开放授权协议：OAuth。

OpenID 目前主要的应用场景是企业内部的单点登录（SSO，Single Sign In）服务，不过这已是另一个话题。下面，让我们看看什么是 OAuth。

14.1.2 第三方授权登录：OAuth

在 2006 年 11 月，Twitter 公司的布莱恩·库克（Blaine Cook）在实现让 Twitter 支持 OpenID 登录服务的同时，社交书签网站 Ma.gnolia 的拉里·哈尔夫（Larry Halff）希望集成 Twitter 的 OAuth 服务。但拉里·哈尔夫发现即使使用了由 Twitter 提供的 OAuth，仍然无法通过授权，获得用户在 Twitter 中的数据。这个关于允许第三方应用访问用户在 Twitter 数据的需求，在 OpenID 的某个会议中被提出，随后引发广泛讨论，但当时没有较好的解决方案。

数月后的 2007 年 4 月，为了解决这个授权问题，在 Google Group 论坛自发成立了针对该问题的专项小组。该小组撰写了一个授权登录的开放协议草案，之后基于该草案，又进一步完善，并在当年 10 月发布了该授权登录的标准协议规范。随后，该规范越发受到重视，不久便被纳入 IETF（Internet Engineering Task Force，互联网工程任务组）中，进行更进一步的标准化和推广。最终，2010 年 4 月 OAuth 1.0 的 RFC（参见链接 23）正式发布。

注：RFC，即 Request For Comments（请求意见稿），是由 IETF（互联网工程任务组）发布的一系列备忘录。它是用来记录互联网规范、协议、过程等的标准文件，比较知名的 RFC 有 RFC 791（IP 协议）、RFC 793（TCP 协议）、RFC 959（FTP 协议）以及 RFC 2616（HTTP 协议） 等。

直到几年后推出 OAuth 2.0 版本（参见链接 24）时，OAuth 才在国内全面流行开来。OAuth 2.0 是 OAuth 1.0 的下一代版本，但它并不向下兼容。随着互联网时代 Web 应用和移动应用的爆发，OAuth 2.0 更加关注对于客户端接入的简易性，它同时为 Web 应用、桌面应用、移动应用分别提供了专门的认证流程和方案。OAuth 2.0 也是目前正被广泛使用的 OAuth 版本，它的 Logo 如图 14-3 所示。

图 14-3 OAuth —— 目前最流行的开放授权标准

OAuth 的流行，是因为它解决了 OpenID 一直没有解决的用户授权问题，那么用户授权和 OpenID 的用户认证有什么不同呢？

认证（Authentication）与授权（Authorization）是两个经常被混淆的概念。认证指的是确认身份，证明“我是我”，它主要解决“是不是”的问题；而授权表示是否允许该应用获取“我的数据”，解决的是“能不能”的问题，两者的目的是不同的。OpenID 主要用来识别用户，并实现账户的统一，让用户使用同一个账户就可以登录所有支持 OpenID 协议的网站；而 OAuth 则是让两个应用之间以一种安全的方式（并且在用户允许的情况下）实现数据的交换。

在没有 OAuth 这样的授权协议和机制之前，两个应用若要进行数据交换是十分困难的。

举个实际的例子，在电商领域，品牌商家通常都有自己的一套 ERP（Enterprise Resource Planning）系统，以便管理商品的进销存等事务。商家通常会在多个电商平台（比如淘宝网、京东商城、苏宁易购等平台）售卖自己的商品。ERP 系统需要能够获得来自不同平台的订单信息，这样才能对库存进行统一的管理。那么，ERP 系统当时是如何获取卖家在淘宝网和京东商城上的订单的呢？

从电商平台将数据导出，整理汇总之后，再将数据导入 ERP 系统。这几乎是当时的主流做法，也是最原始的数据同步方式。这种方式需要大量烦琐的人工操作，并且需要进行十分细致的整理；否则，可能因为多个平台的各方数据无法对齐而造成后续管理的混乱。

为了解决人工方式比较烦琐的问题，ERP 提供了支持通过 API 来同步各平台数据的方式，其流程如图 14-4 所示。由于这些电商平台都需要登录后才能获取数据，因此需要将这些电商平台的账号和密码保存到 ERP 系统中。这样，ERP 系统就可以通过模拟用户登录，随后再请求订单数据的方式来同步了。

虽然这种做法实现了数据的自动化同步，但它也带来了多方面的安全风险。首先，ERP 系统是通过明文保存用户的账号和密码的，若 ERP 自身被攻击，则将导致 ERP 上所有用户对应的电商平台账号和密码泄露。其次，由于需要让 ERP 平台能够模拟登录，因此我们不能设置两步认证之类的账户安全性增强功能，这将降低账户自身的安全性。最后，我们还无法限制 ERP 的行为。由于直接使用账号和密码登录，因此它具备该账户的一切权限。这种情况，就好像我要接收一个快递物品，我只是希望快递员能将快递的物品送到我家里，但为了实现这一目的，现在却需要快递员长期持有我家的钥匙。

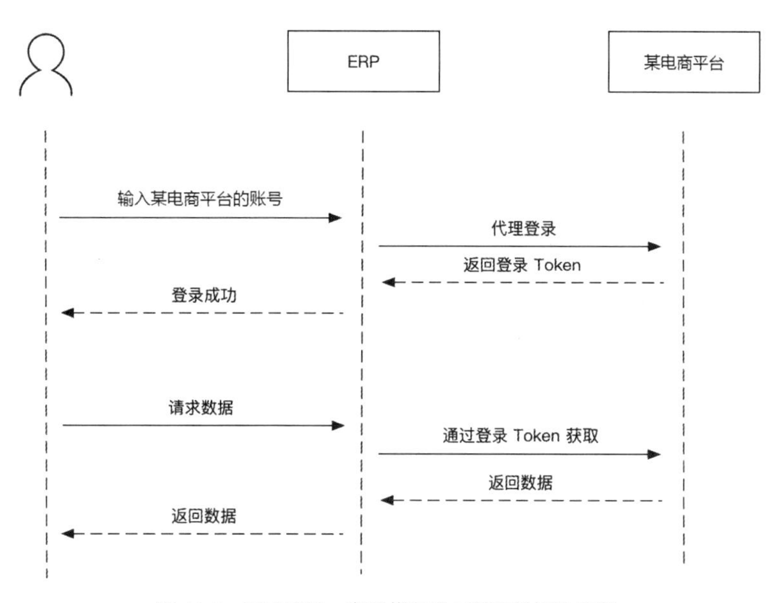

图 14-4　通过账号、密码代理登录获取数据的流程

OAuth 协议通过授权的方式，解决了上述问题。为了准确地描述协议内容，它首先定义了以下概念：

- ◎ 资源拥有者（Resource Owner）：拥有数据的人，通常指用户。
- ◎ 资源服务器（Resource Server）：服务提供方保存用户数据的服务器。
- ◎ 授权服务器（Authorization Server）：服务提供方用于处理授权的服务器，可以与资源服务器是同一个。
- ◎ 第三方应用程序（Third-party Application）：需要使用数据的应用，即上述例子中的 ERP 系统，也可以被称为客户端（Client）。

OAuth 在第三方应用程序和资源服务器之间增加了一个授权层的概念，要求第三方应用不能直接访问用户的数据资源，而是需要先通过授权层，让用户完成授权并获得相应的令牌（Token）后，再通过令牌在一定时间内访问用户的特定数据。其流程大致如图 14-5 所示。

在 OAuth 的具体实现中，它定义了四种授权模式，应用于不同的场景。它们分别是授权码（Authorization Code）模式、简化（Implicit）模式、密码（Resource Owner Password Credentials）模式和客户端凭证（Client Credentials）模式。其主要的应用场景如下：

- ◎ 授权码模式：这是 OAuth 的标准模式，是默认采用的模式，也是在安全性、功能性方面考虑得最全面的一种模式。它需要第三方应用的服务端参与，实现第三方应用服务端与服务提供方认证服务器的交互来获取令牌。我们通指的 OAuth 第三方授权，说的就是这种模式。

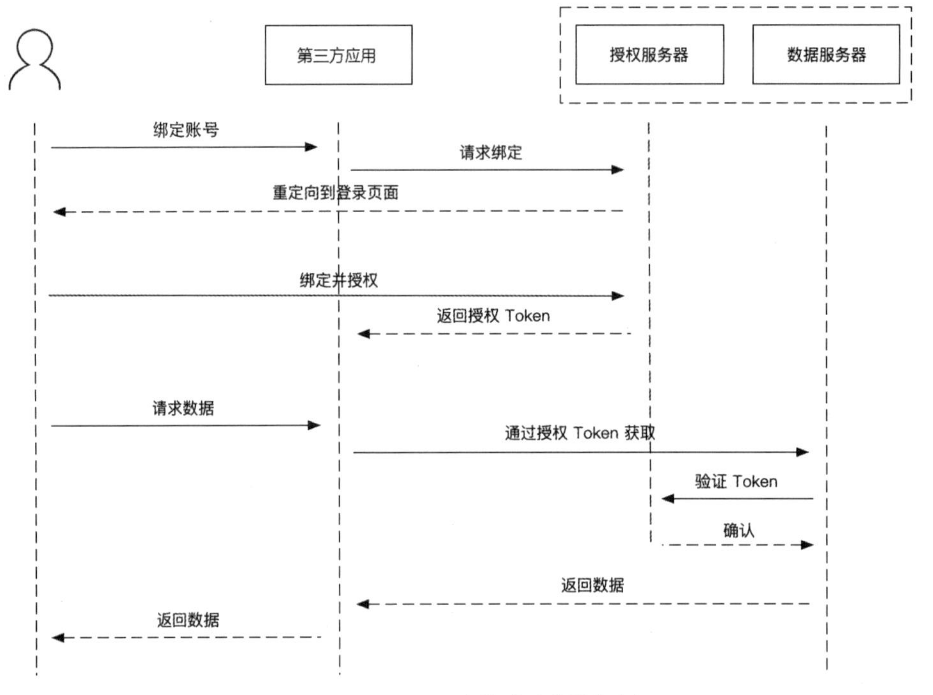

图 14-5　通过 OAuth 授权获取数据的流程

◎ 简化模式：与授权码模式相比，它允许直接在用户的客户端（如浏览器）中与认证服务器进行交互，从而无须第三方应用的服务端参与。这通常应用在没有服务器的纯 JavaScript 应用中，比如浏览器插件。需要特别说明一下，Serverless 架构虽然被称为无服务器架构，但其只是让开发者不感知服务器，实际上仍有服务器的存在。因此，简化模式并不应该成为 Serverless 应用首选的模式。简化模式由于直接从客户端发起认证，因此相关令牌将被直接暴露在客户端中，其在安全性方面将受到一定的挑战。

◎ 密码模式：用户直接向第三方应用提供自己的账号、密码，再获取令牌。我们在前面介绍 ERP 授权方案时已介绍过这种模式的缺陷。密码模式作为 OAuth 的备用方案，通常不建议使用；只有在其他模式都不适用的情况下，才会考虑使用密码模式。

◎ 客户端凭证模式：通常数据都是被用户拥有的。但在某些特殊场景，数据可能直接由第三方应用产生，从而没有明确的用户。在这种情况下，可以通过该模式进行授权。

在这四种模式中，第一种模式是 OAuth 默认的也是推荐的授权模式，后三种模式都是为某些特殊场景而设计的。若非必要，我们通常建议采用第一种模式。

在了解了 OAuth 的基本原理后，我们再来看看 OAuth 的自身定位和实际应用。

通过其定义来看，OAuth 是为授权而设计的。比如前面提到的，从商家的角度来看，通过 OAuth 授权协议，将 ERP 与各大电商平台之间的订单系统、物流系统实现实时的数据互通，从而让下单、生产、仓储、发货的全流程可以平台化管理，以大幅度提高制造业、供应链的运转效率。而从用户的角度来看，如果我们经常从多个不同的电商平台中购买商品，那么跟踪它们的物流情况将是一件让人沮丧的事情。我们需要依次打开不同的 App，分别进行查询。而有了 OAuth 授权协议之后，我们可以通过一个第三方应用，关联所有在线电商账户，并授权这个第三方应用，允许其查询我们在平台中的物流信息。这样一来，我们只需要在一个应用中，就能跟踪所有订单的物流情况。这显著提高了我们的查询效率。

若要获取用户授权，则需要先明确用户是谁。因此，OAuth 实际上也包含了用户身份认证的能力。也就是说，在它的协议中，已经涵盖了 OpenID 所解决的问题。因此，可以将 OAuth 看作在 OpenID 的基础上，增加了用户授权的规范。这也就是它近年来取代 OpenID，并逐渐成为主流的认证、授权方案的原因。

14.1.3 进一步完善：OIDC

由于 OAuth 的核心目标是解决用户授权，而不是专门为用户认证所设计的；因此，OAuth 提供的认证服务有一定的缺陷。其中最主要的问题是，第三方应用与认证服务器之间由于通过令牌（Token）进行授权，而每次登录令牌的值都是不同的，因此我们无法通过令牌确定某一个用户。这导致了第三方应用如果需要确定用户身份，那么得让对应的认证服务器提供特殊的定制接口，返回用户标识之类的信息才行。由于这一特殊流程并没有被纳入 OAuth 标准规范，因此不同的认证服务提供的标识方式也千差万别。这使得一个第三方应用无法采用统一的方式接入多个不同的认证服务，整个互联网的互通性因此而降低了。

前面介绍的 OpenID 也认识到了这个问题。最终，为了解决这个问题，OpenID 组织在 2014 年 2 月制定了新协议：OIDC（OpenID Connect）。OIDC 整合了之前的 OpenID 和 OAuth 2.0 协议，并添加了更多特性而形成了一套完整的认证、授权协议。它将 OAuth 中的令牌（Token）更进一步地拆分为身份令牌（ID Token）和访问令牌（Access Token）。其中，访问令牌与 OAuth 中对令牌的定义一致，而身份令牌则专门用于明确用户身份。这两个令牌通过 JWT（JSON Web

Token）加密算法进行加密和解密。这样一来，在无须第三方应用和授权服务器进行更多交互的前提下，解决了用户身份确认的问题。

> 注：JWT（JSON Web Token）——一种在多个网络应用间安全传输非敏感数据的开放标准（RFC 7519），其核心目的是防篡改。这种 JSON 对象包含了发出方对内容的数字签名，因此接收方可以根据签名认证其内容是否遭到篡改。关于 JWT 的详细介绍，请参考 14.5 节。

目前一些大型 Web 应用或移动应用，基本都已支持 OAuth 或 OIDC 的标准认证方案，以此提供第三方账户登录的能力。我们可以在很多应用中看到“使用第三方账户登录”的入口，通常它会向用户提供直接使用如 Google、Facebook 等第三方账户登录（见图 14-6）的能力，其背后则是基于 OIDC 或 OAuth 协议来实现的。

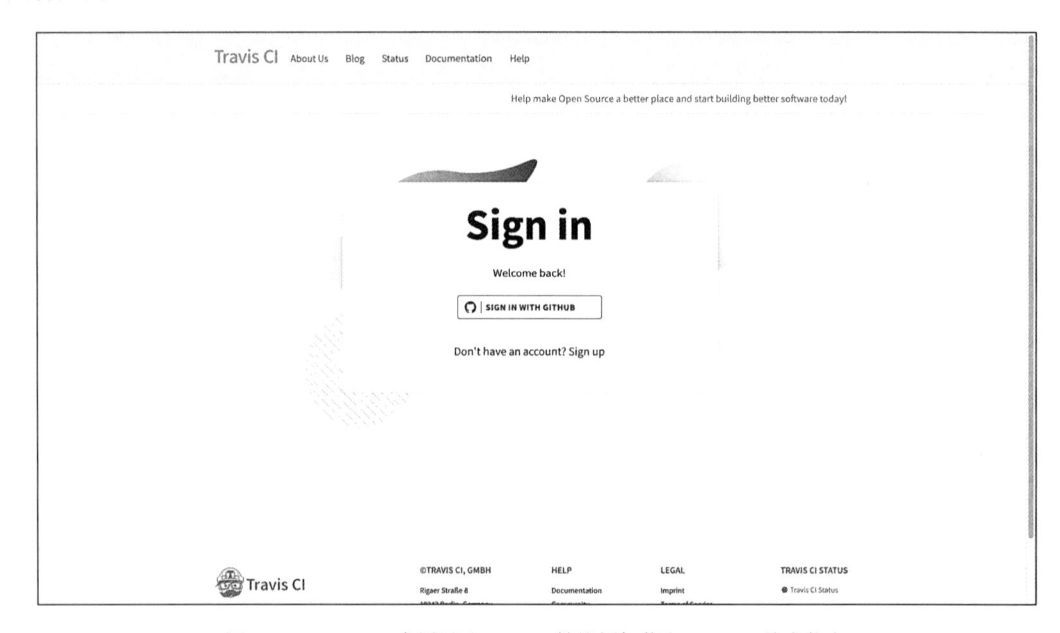

图 14-6 Travis CI 应用通过 OAuth 协议授权获取 GitHub 账户信息

可以想象，作为 Web 应用或移动应用，集成越多的第三方账户登录，就能覆盖越多的用户群体。如此一来，Web 应用或移动应用就可以降低这些潜在用户的注册成本和注册门槛，有效地提高用户的留存率，这对企业显然是有正向价值的。

然而，需要对接众多的第三方账户，对于中小型应用的开发者来说可谓一场灾难。虽然这些第三方账户都支持 OAuth 协议，但仍免不了需要人工的对接和调试，而完成一个第三方账户的对接就可能需要花费数天的开发时间。对接完成后，还需要长期进行维护。若某个第三方应用对授权内容或格式进行了调整，则相应的功能也需要一同修改。

另外，在开始真正的应用功能开发之前，我们还需要建设应用的用户账户系统，用户账户系统需要提供注册、登录、注销以及配套的密码修改、基于邮箱或短信的密码找回等一系列服务；更进一步，还需要提供一些高级功能（如两步认证、单点登录）。整套用户账户系统往往需要数周甚至数月才能完善，这样高昂的成本对于初创公司或个人开发者几乎是不可接受的。

因此，针对这一痛点，一些云计算供应商推出了基于 Serverless 理念的新型服务模式：身份认证即服务（IDaaS，Identity as a Service）。

下面，我们将以 Auth0 为例，介绍 IDaaS。

14.2　身份认证即服务：Auth0

身份认证即服务（IDaaS，Identity as a Service），是指一种提供身份认证以及账户授权，且基于 PaaS 的云服务。通过该平台，开发者只需要实现应用的自身业务逻辑即可，而与账户系统相关的功能都交由平台管理和维护。

这些服务一般遵循与账户相关的标准协议进行实现，除我们上面提到的 OpenID、OAuth 协议外，其通常还会支持 SAML（Security Assertion Markup Language）、LDAP（Lightweight Directory Access Protocol）、WS-Federation 等标准。

目前在 IDaaS 的供应商中，占有率最高的是 Auth0（参见链接 16）。此外，在国内还有像 Authing（参见链接 25）之类的产品。接下来我们将以 Auth0 为例，介绍身份认证即服务的主要功能和价值。

14.2.1　注册并创建租户

现在的 Auth0 已经不只是实现简单的身份认证和账户授权了，它的功能相当丰富。Auth0 能实现以下高级功能：

- ◎ 单点登录（SSO，Single Sign In），即只需要在其中一个应用中登录，多个应用就可以共享同一个登录状态。

◎ 对外提供 OAuth 2.0 授权协议，外部的第三方应用可以主动对接。
◎ 通过发送统一的邮件或短信的形式通知用户重置密码，并且在重置之前禁止登录。
◎ 可以集成企业身份登录（如 Windows 域账户，基于 Active Directory）。
◎ 对于敏感操作，支持两步认证。

这些功能都是以服务的形式提供的，只需要简单地开通和对接即可。与 Serverless 的思想一致，开发者无须关心它们的稳定性、负载情况等，它们都由服务的提供方维护。

接下来，我们将通过 Auth0 平台实际体验 IDaaS 的能力。我们将创建一个支持注册和第三方账户登录的 Web 站点。好了，让我们开始吧。

首先，打开 Auth0 官网（参见链接 16），如图 14-7 所示，根据提示的引导，输入相关信息，完成租户的注册工作。值得一提的是，Auth0 的租户注册功能自身也是基于 Auth0 服务实现的，我们将其称为能力的自举。

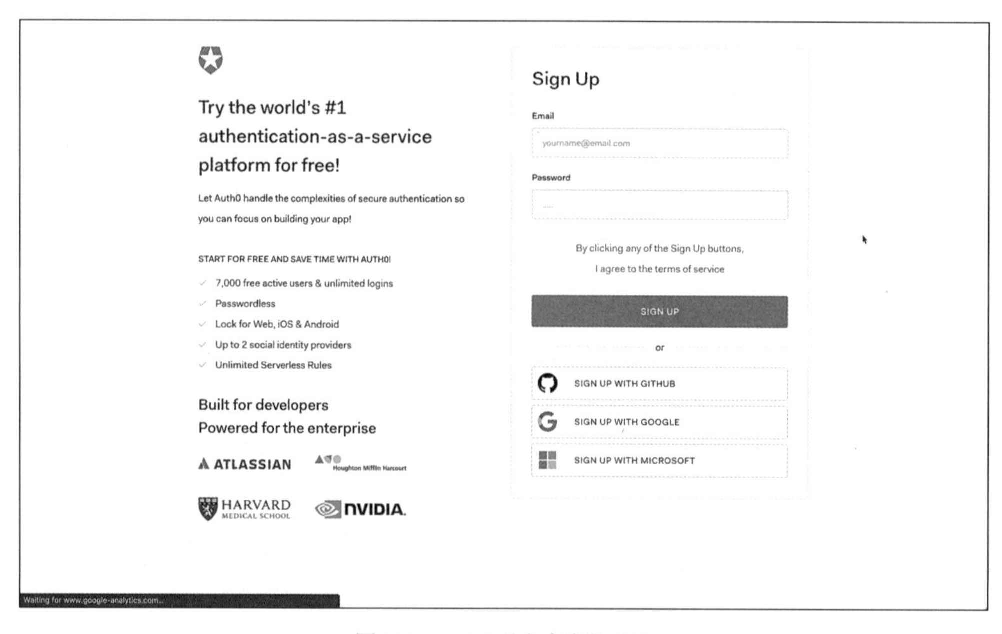

图 14-7 Auth0 的租户注册页面

14.2.2 控制中心概览

完成租户的注册后，即可进入控制台，如图 14-8 所示。通过控制台，我们可以实现与账户信息相关功能的配置。

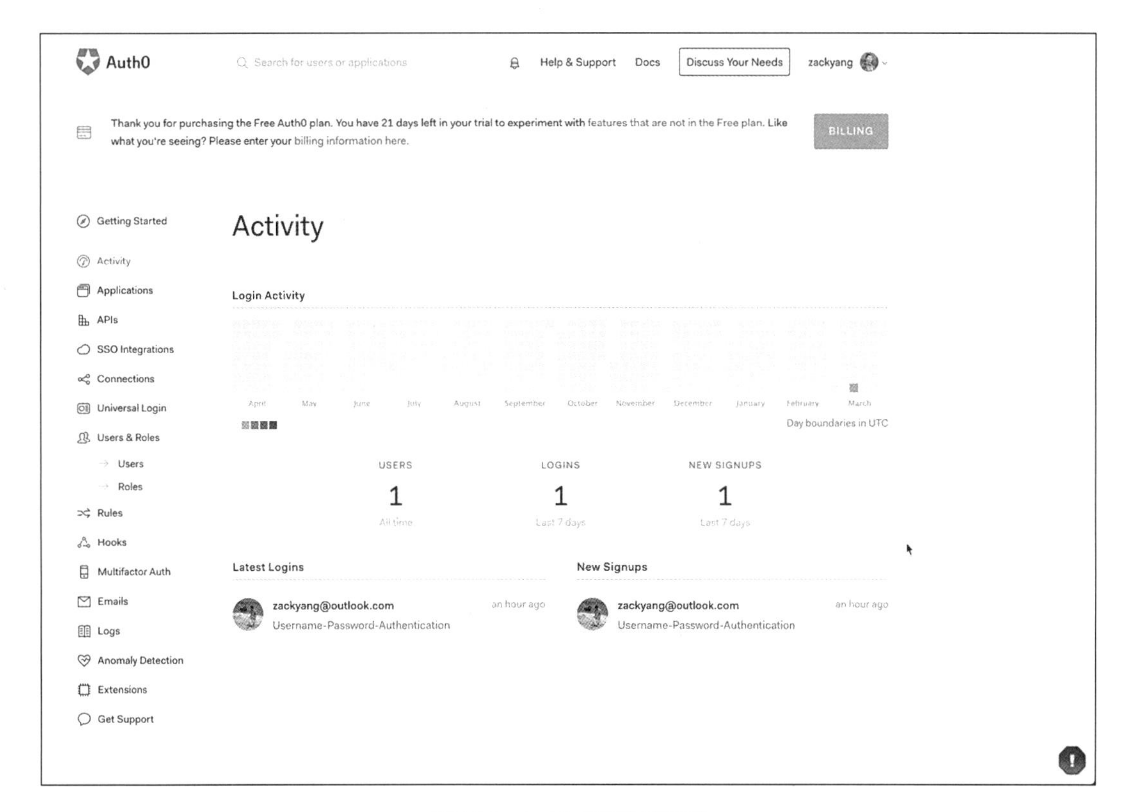

图 14-8　Auth0 控制台的首页

通过图 14-8 左侧的菜单，我们可以大致了解 Auth0 提供了怎样的服务。这些服务如下：

◎ Activity（动态）：控制台首页，主要做与账户相关的信息展示工作。通过该页面，可以查询应用程序的统计信息，包括过去一年，通过该服务进行登录和注册账户的统计情况。

◎ Applications（应用）：这是 Auth0 的核心功能。通过该模块可以创建和配置所有的应用。应用指的是通过该平台进行认证和授权的站点。通过该模块实现站点用户系统的接入。

◎ APIs（接口）：通过该模块，可以自定义实现认证和授权等接口。在账户注册时，将默认包含一套官方 API 实现。如果平台已有功能无法满足我们的诉求，我们就可以通过该模块对它们进行定制。

◎ SSO Integrations（单点登录集成）：该模块主要用来对接外部的单点登录系统，如 Office 365、Salesforce 等。这样一来，我们就可以使用外部的账户系统来实现站点的统一登录，并且同时使用 Auth0 的其他服务能力。

◎ Connections（连接）：用于配置用户的登录认证方式，它主要支持 4 种不同的类型，分别是数据库（基于 Auth0 实现独立的账户系统）、社交账户（使用 Google、Facebook 等第三方账户）、企业账户（使用 Office 365、Active Directory 等企业账户系统）以及随机账户（一次性使用的临时账户）。

◎ Universal Login（登录页面）：在此可以选择所需要的登录页面。Auth0 提供了多套登录页面样式供我们选择。如果没有合适的样式，也可以通过代码进行自定义。

◎ Users & Roles（用户和角色）：这里主要对能够登录 Auth0 平台的管理账户和角色进行配置，以便实现多人协作。

◎ Rules（规则）：规则模块允许用户配置自定义的 JavaScript 代码片段，并在某些事件发生时执行。同时，它也提供了大量的模板代码，如在登录时使用黑名单机制来阻止某些特定用户的登录、只允许在特定时间登录、超过 30 天强制要求修改密码等。正是这些规则的存在，才使得 Auth0 能够提供十分灵活的账户服务。

◎ Hooks（钩子）：该模块的功能与规则模块的功能类似，也是自定义代码实现，不过它只能应用于使用 Auth0 数据库模式实现认证方式的场景中，主要在登录流程中植入更多的逻辑。目前 Auth0 支持设置 4 种事件的钩子函数，这些钩子函数主要用在客户端证书交换、用户密码修改、新用户注册前和新用户注册后。

◎ Multifactor Auth（多因素认证）：该模块可以为应用配置登录时的多因素认证能力。我们通常只会配置两种因素，因此它通常会被称为两步认证。支持的认证方式包括短信、邮件以及身份认证器（如 Google Authenticator ）等。

◎ Emails（邮件）：在该模块中可以配置用户系统的邮件模板内容，包括认证邮件、欢迎邮件、密码变更邮件等。同时，这里还可以配置邮箱的 SMTP 信息，以通过该配置发送邮件。

◎ Logs（日志）：即操作日志。该模块主要用来查询研发人员或管理员的操作记录。

◎ Anomaly Detection（异常检测）：该模块主要用来配置异常情况的监控报警，如当触发超过一定次数的登录失败后，向用户发送邮件通知。

◎ Extensions（扩展）：用于与第三方平台对接的扩展功能配置，如用户的导入和导出、实时日志的输出等。

在此可以看出，Auth0 对于一个应用的账户系统来说，已经相当完善。研发人员只需要花费较小的成本就能将其集成到自己的应用程序当中，提供强大的身份认证和账户授权等功能。

接下来，让我们通过一个实际的例子来深入理解 Auth0。

14.3　实践：实现基于 Auth0 的身份认证

本节主要讨论如何在 Web 应用中，通过 Auth0 实现一套完整的身份认证系统，包括账户的注册、登录、注销以及向用户展示相关信息。为了简单起见，整个示例不会涉及任何前端框架，所有功能都通过一个静态 HTML 和原生 JavaScript 实现。不过，由于静态页面需要托管在 Web 服务中才能正常工作，因此我们使用了 Node.js 及其内置的 http 模块，通过调用 http 模块来创建一个 Web 服务。

最终，我们将构建一个 index.html 文件，其中包含基于 Auth0 的注册、登录、注销等功能，通过 Node.js 启动一个端口为 3000 的 Web 服务，访问入口为 http://localhost:3000。

下面，让我们正式开始吧。

14.3.1　创建并配置应用

首先，我们需要在 Auth0 的控制台中创建一个应用，并进行相应的配置。

打开 Auth0 控制台的首页，选择“Application”→“CREATE APPLICATION”菜单，之后在“Name”栏中输入“WebApp”，并选择“Single Page Web Applications”选项，点击“CREATE”按钮完成应用的创建，如图 14-9 所示。

应用创建完成后，我们需要获取最基本的应用信息。进入应用详情页面，在“Settings”选项卡中可以看到应用的“Domain”和“Client ID”信息，这两个参数代表应用的 ID。我们将这两个参数保存下来，以备后面在初始化 Auth0 SDK 时使用。

随后，为了让 Auth0 能够在测试环境中使用，我们需要在配置页面中填入对应的域名。同样在“Settings”选项卡中，依次找到“Allowed Callback URLs”、“Allowed Logout URLs”和“Allowed Web Origins”字段，并在其中均填入域名“http://localhost:3000”。其中，“Allowed Callback URLs”用来设置登录成功后的回调 URL；“Allowed Logout URLs”用来设置注销后的回调 URL；而“Allowed Web Origins”则用来设置允许访问服务的域名，以便用来获取或刷新用户登录的令牌（Token）。

以上设置完成后，点击“SAVE CHANGES”按钮保存即可。

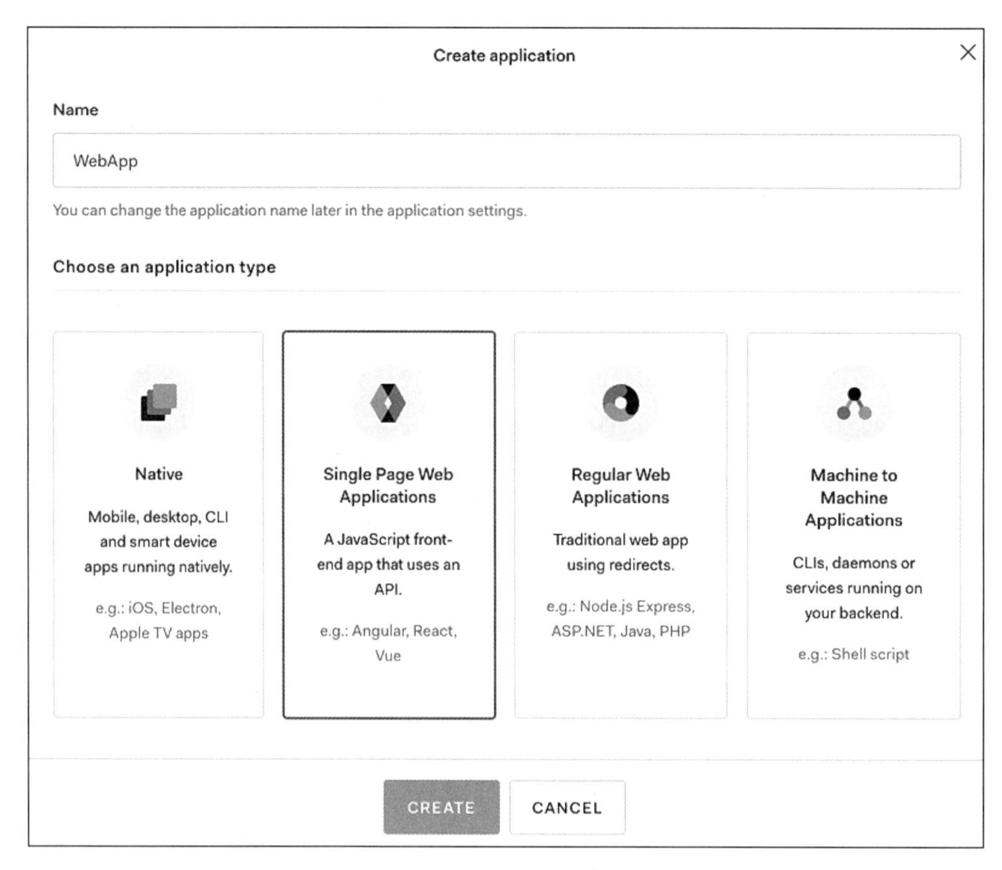

图 14-9　在 Auth0 中创建应用

14.3.2　创建登录页面

应用完成配置后，我们就可以开始页面的开发了。

我们需要创建一个名为 index.html 的文件，它是我们最终访问的页面。首先在文件中初始化基本的 HTML 骨架代码，然后再添加“登录”（Log In）按钮和“注销”（Log Out）按钮并绑定相应的事件。同时，为了代码的整洁和可维护性，我们创建两个独立的文件，分别是 index.js 和 index.css ，以便管理 JavaScript 代码和 CSS 样式代码。最后，在 index.html 中引用 index.js 和 index.css。index.html 的代码如下：

```
<!-- index.html -->

<!DOCTYPE html>
<html>
```

```
  <head>
    <meta charset="UTF-8" />
    <title>Auth0 示例</title>
    <link rel="stylesheet" type="text/css" href="index.css" />
    <script src="index.js"></script>
  </head>
  <body>
    <h1>首页</h1>
    <button id="btn-login" onclick="login()">登录</button>
    <button id="btn-logout" onclick="logout()">注销</button>
  </body>
</html>
```

HTML 代码编写完成后，我们再对 JavaScript 代码进行初始化。对于页面中使用的登录方法 login 和注销方法 logout，我们在 index.js 中创建对应的函数，其代码如下：

```
// index.js

const login = () => {
}

const logout = () => {
}
```

为了让按钮样式更加美观和易于交互，我们略微修改一下 button 的默认样式，并保存到 index.css 文件中，其内容如下：

```
/* index.css */

button {
  font-size: 16px;
  padding: 10px 50px;
}
```

于是，我们就完成了整体框架代码的初始化，得到如下文件结构：

```
.
├── index.html
├── index.css
└── index.js
```

下面我们需要添加一个 Web 服务，让我们的代码可以在浏览器中打开。

14.3.3 启动 Web 服务

初始化文件准备好后，为了方便进行后续的调试，我们需要使用 Node.js 来启动一个 Web 服务。

在当前文件夹中，创建一个 server.js 文件，并通过 http 模块创建一个 Web 服务实例，绑定到 3000 端口。最后，我们编写相应的处理逻辑，当用户请求时根据请求路径返回对应的文件内容。若请求的文件不存在，则返回默认的 index.html 文件。代码如下：

```
// server.js

var http = require('http');
var fs = require('fs');

http.createServer(function (req, res) {
  // 根据请求路径获取文件的绝对路径
  let filepath = __dirname + req.url;

  // 若请求的根路径或路径对应的文件不存在，则改为 index.html
  if(req.url === '/' || !fs.existsSync(filepath)) {
    filepath = __dirname + '/index.html';
  }

  // 读取并返回文件
  fs.createReadStream(filepath).pipe(res);
}).listen(3000);
```

随后，我们在命令行中启动该服务：

```
$ node server.js
```

打开浏览器，访问 http://localhost:3000/，将看到我们创建的 index.html 文件内容。至此，我们就完成了调试环境的准备工作。接下来可以正式开始 Auth0 的接入了。

14.3.4 实现登录与注销

Auth0 已经提供了标准的登录和注册页面，因此我们无须额外开发它们，只需要集成 SDK 并完成初始化即可。

要集成 SDK，我们可以通过 NPM 安装，其包名为 @auth0/auth0-spa-js。但这里为了尽量简化代码，我们直接引用 CDN 版本的 SDK。

在 index.html 的 head 标签中添加如下引用即可：

```
<script
src="https://cdn.auth0.com/js/auth0-spa-js/1.2/auth0-spa-js.production.js"><
/script>
```

接下来，我们可以开始 SDK 的初始化工作了。SDK 中提供了一个 createAuth0Client 函数，让我们可以通过 JavaScript 实例化一个 Auth0 Client。这个 Auth0 Client 实例将负责后续的登录、注销等操作的执行。实例化需要提供两个参数，也就是我们在 14.3.1 节中从控制台获取的 Domain 和 Client ID 信息。

通常，我们会在页面加载完成后才开始执行 JavaScript 代码，以提高产品的友好性。因此，这里我们将初始化代码写在 window.onload 函数中，window.onload 函数将在页面加载完成后被触发，其代码如下：

```
// index.js

window.onload = async () => {
  auth0 = await createAuth0Client({
    domain: '<Domain>',
    client_id: '<Client ID>',
  });
}
```

初始化完成后，我们就可以实现登录（login）方法了。我们直接使用由 Auth0 提供的登录和注册页面。因此，我们只需要通过 SDK 跳转到对应的页面，并指定登录完成后的回调页面即可。具体代码如下所示：

```
// index.js

// ...

const login = async () => {
  await auth0.loginWithRedirect({
    redirect_uri: window.location.origin,
  });
};
```

保存后刷新页面，点击“登录”按钮。若看到如图 14-10 所示的页面，即表示 Auth0 调用成功。

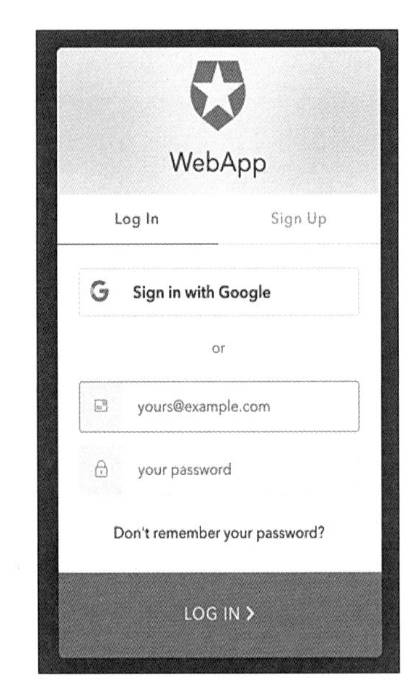

图 14-10 通过 Auth0 实现登录

输入账号、密码登录后，页面将重新跳转回 http://localhost:3000/，这时候 URL 的 querystring 中将携带 code 和 state 两个参数。若看到这两个参数，即表示登录成功。

不过，目前 querystring 中只是一个临时令牌，我们需要再回到 onload 函数中调用 SDK 的 handleRedirectCallback 方法来认证用户登录结果，获取正式的令牌。当认证完成后，临时令牌就失效了。因此，我们要通过 history API 中的 replaceState 方法，将 querystring 移除，防止临时令牌被再次使用。代码如下：

```
// index.js

window.onload = async () => {
  // ...

  // 处理登录结果
  const query = window.location.search;
  if (query.includes("code=") && query.includes("state=")) {
    await auth0.handleRedirectCallback();
    window.history.replaceState({}, document.title, "/");
  }
}
```

这时候再刷新带有参数的页面，将看到 querystring 被移除。但这时候因为我们还没有区分用户登录的状态，所以页面不会有任何变化。因此，最后我们还需要再通过 SDK 获取登录状态，判断并显示登录后的用户信息。

判断登录状态可以调用 isAuthenticated 方法，它将返回一个布尔值表示是否登录成功。如果登录成功，我们就可以通过 getUser 来获取用户信息。我们将获得的用户信息输出到页面中，其代码如下：

```
// index.js

window.onload = async () => {
  // ...

  // 显示用户的登录信息
  const isLogin = await auth0.isAuthenticated();
  if (isLogin) {
    const user = await auth0.getUser();
    const content = `<p>${JSON.stringify(user)}</p>`;
    const el = document.getElementsByTagName('body')[0];
    el.insertAdjacentHTML('beforeend', content);
  }
}
```

此时刷新页面后，我们将看到 Auth0 返回的用户名、头像、E-mail 等用户信息输出在页面中。

用户登录功能完成后，接下来我们就可以实现注销功能了。与登录一样，注销只需要调用 SDK API 即可，并将注销后需要跳转的页面以参数的形式传递给 Auth0。修改我们最初创建的 logout 方法，代码如下：

```
// index.js

const logout = () => {
  auth0.logout({
    returnTo: window.location.origin,
  });
};
```

刷新页面之后，点击“注销”按钮，可以看到页面下方输出的用户信息将被清除，即表示注销成功。

至此，我们完成了完整的用户登录、注销，以及用户信息获取功能。

14.3.5 改进用户体验

为了提供更好的用户体验，我们可以再完善一下整个用户登录的交互流程。

如图 14-11 所示，我们梳理了登录和注销的整体流程。首先，我们希望用户在进入页面时，能根据用户的登录状态不同，展示不同的按钮。这样可以避免在未登录的状态下点击“注销”按钮，或在已登录的状态下再次点击“登录”按钮的情况出现。其次，登录状态是通过 SDK 来进行查询获取的，它会向 Auth0 的服务端发起一个网络请求并返回结果。因此，我们希望在返回结果之前，展示一个加载中的状态提示，让用户了解当前页面的状态。

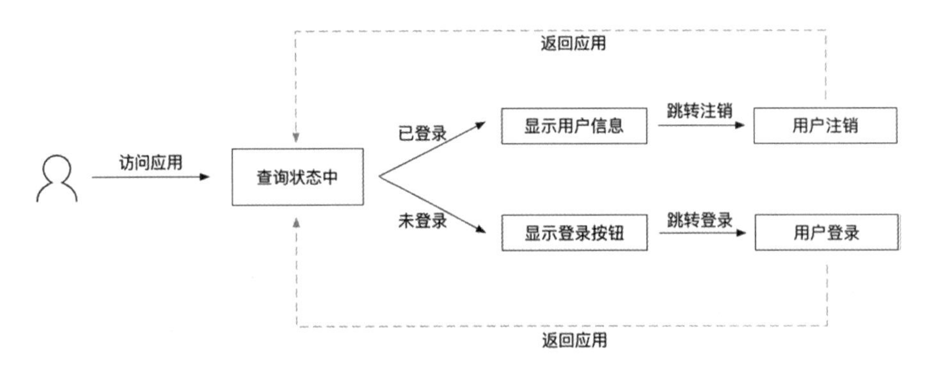

图 14-11 用户登录账户和注销账户状态图

为了根据不同的登录状态展示不同的按钮，我们首先需要隐藏两个按钮，然后再根据登录状态的查询结果进行控制。在 index.html 中找到两个 button 标签，对它们均添加 hidden 属性：

```
<!-- index.html -->

<button id="btn-login" onclick="login() hidden">登录</button>
<button id="btn-logout" onclick="logout() hidden">注销</button>
```

随后，在 index.js 中，根据登录状态，移除“登录”按钮或“注销”按钮的 hidden 属性：

```
// index.js

// 显示用户的登录信息
const isLogin = await auth0.isAuthenticated();
document.getElementById("btn-login").hidden = isLogin;
document.getElementById("btn-logout").hidden = !isLogin;
```

```
// ...
```

在展示正确的按钮之后，我们同时还希望在查询时页面能展示相应的状态提示。

下面我们在页面中添加一个包含 “加载中...” 文本的 div 标签：

```
<!-- index.html -->

<body>
  <h1>首页<div id="loading">加载中...</div></h1>
  <button id="btn-login" onclick="login()" hidden>登录</button>
  <button id="btn-logout" onclick="logout()" hidden>注销</button>
  <div id="loading">加载中...</div>
</body>
```

同时，在 index.css 中添加其对应的样式代码：

```
/* index.css */

/* ... */

#loading {
  font-size: 16px;
  margin-left: 20px;
  color: #c80000;
}
```

这个状态提示在打开页面时是默认展示的，我们在得到用户登录的查询结果后，通过 JavaScript 将其隐藏。

同时，我们为了保障代码的可维护性，应当避免 DOM 操作穿插在逻辑代码中。因此，我们将 DOM 操作移动到单独的方法中进行维护，再调用这些方法来控制状态，其代码如下：

```
// index.js

// ...

// 显示用户的登录信息
const isLogin = await auth0.isAuthenticated();
hideLoadingStatus();
ctrlLoginAndLogoutButtonDisplay(isLogin);

// ...
```

```
// DOM 操作
const showLoadingStatus = () => ctrlLoadingDisplay(true);
const hideLoadingStatus = () => ctrlLoadingDisplay(false);
const ctrlLoadingDisplay = (isShow) => $("loading").hidden = !isShow;
const ctrlLoginAndLogoutButtonDisplay = (isLogin) => {
  $("btn-login").hidden = isLogin;
  $("btn-logout").hidden = !isLogin;
}
const $ = (id) => document.getElementById(id);
```

至此，我们通过不到 100 行代码就完成了一个包含整个登录、注销、注册以及密码修改等功能的身份认证功能。最终代码如下：

```
<!-- index.html -->

<!DOCTYPE html>
<html>
  <head>
    <meta charset="UTF-8" />
    <title>Auth0 示例</title>
    <link rel="stylesheet" type="text/css" href="index.css" />
    <script
src="https://cdn.auth0.com/js/auth0-spa-js/1.2/auth0-spa-js.production.js"><
/script>
    <script src="index.js"></script>
  </head>
  <body>
    <h1>首页<small id="loading">加载中...</small></h1>
    <button id="btn-login" onclick="login()" hidden>登录</button>
    <button id="btn-logout" onclick="logout()" hidden>注销</button>
  </body>
</html>
/* index.css */

button {
  font-size: 16px;
  padding: 10px 50px;
}

#loading {
  font-size: 16px;
  margin-left: 20px;
```

```
  color: #c80000;
}
// index.js

window.onload = async () => {
  auth0 = await createAuth0Client({
    domain: '<Domain>',
    client_id: '<Client ID>',
  });

  // 处理登录结果
  const query = window.location.search;
  if (query.includes("code=") && query.includes("state=")) {
    await auth0.handleRedirectCallback();
    window.history.replaceState({}, document.title, "/");
  }

  // 显示用户的登录信息
  const isLogin = await auth0.isAuthenticated();
  hideLoadingStatus();
  ctrlLoginAndLogoutButtonDisplay(isLogin);
  if (isLogin) {
    const user = await auth0.getUser();
    const content = `<p>${JSON.stringify(user)}</p>`;
    const el = document.getElementsByTagName('body')[0];
    el.insertAdjacentHTML('beforeend', content);
  }
}

const login = async () => {
  await auth0.loginWithRedirect({
    redirect_uri: window.location.origin,
  });
};

const logout = () => {
  auth0.logout({
    returnTo: window.location.origin,
  });
};

// 辅助方法
const showLoadingStatus = () => ctrlLoadingDisplay(true);
```

```
const hideLoadingStatus = () => ctrlLoadingDisplay(false);
const ctrlLoadingDisplay = (isShow) => $("loading").hidden = !isShow;
const ctrlLoginAndLogoutButtonDisplay = (isLogin) => {
  $("btn-login").hidden = isLogin;
  $("btn-logout").hidden = !isLogin;
}
const $ = (id) => document.getElementById(id);
```

14.4 实践：实现 GitHub 账户授权

正如我们前面提到的，为了降低用户的注册门槛，应用通常会提供以第三方账户的形式进行登录。然而，研发人员却需要将每一个第三方账户逐个进行集成，其成本是十分高昂的。

Auth0 通过统一的登录体系，提供了数量丰富的第三方账户登录。如图 14-12 所示，目前 Auth0 基于 OAuth 协议，已经打通了包括 Google、Facebook、Microsoft、Apple 以及国内的新浪微博、百度、人人在内的 40 余家第三方账户的登录，我们只需要在 Auth0 控制台中进行简单的配置，即可通过这些账户登录我们的应用。

图 14-12　Auth0 已经支持的部分第三方账户

在本节中，我们将通过对 OAuth 的简单配置，实现支持 GitHub 账户登录的能力。

14.4.1 开通 GitHub OAuth

若让应用程序通过 GitHub 登录，则首先需要在 GitHub 中开通对应的功能，配置允许通过 GitHub 登录的站点的相关信息。

首先，打开 GitHub 并登录相关账户。在用户设置中找到“Developer settings”项（参见链接 26），点击“New Oauth app”按钮来注册一个 OAuth 应用。

如图 14-13 所示，我们依次设置 Application name、Homepage URL 和 Authorization callback URL。其中，Application name 表示应用名称，在此填入 AUTH0 TEST APPLICATION；而 Homepage URL 则是登录系统的域名，该域名指的并不是我们通过 Node.js 提供的应用所在域名，而是 Auth0 登录跳转时的域名，可以在 Auth0 控制台中依次选择“Applications”→“Settings”→“Domain”选项来查询该域名。Authorization callback URL 是登录成功后的回调地址。Auth0 中的固定格式为<Homepage URL>/login/callback，其中 <Homepage URL> 是登录的域名。

填写完上述内容后，点击“Register application”按钮即可创建应用。

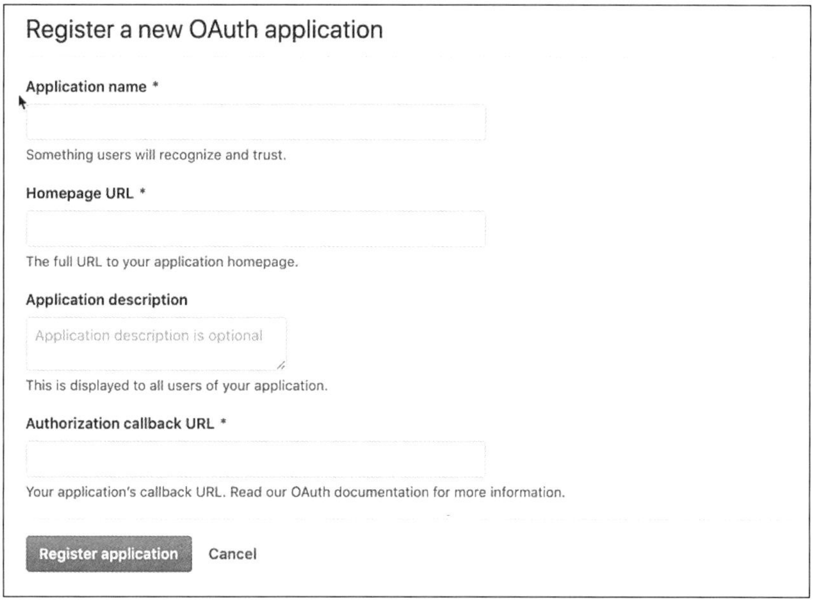

图 14-13 注册 GitHub OAuth 应用

随后就可以进入 OAuth 应用详情页了。在详情页中找到并记录 Client ID 与 Client Secret 两个字段，我们将在 Auth0 平台中使用这两个字段。

14.4.2 配置第三方登录

接下来，我们可以在 Auth0 平台中配置 GitHub 账户登录的能力了。

在 Auth0 控制台中，选择“Connections”→“Social”选项，勾选“GitHub”复选框后，将弹出配置表单，如图 14-14 所示。在此设置所获取的 Client ID 和 Client Secret，并点击“SAVE”按钮。

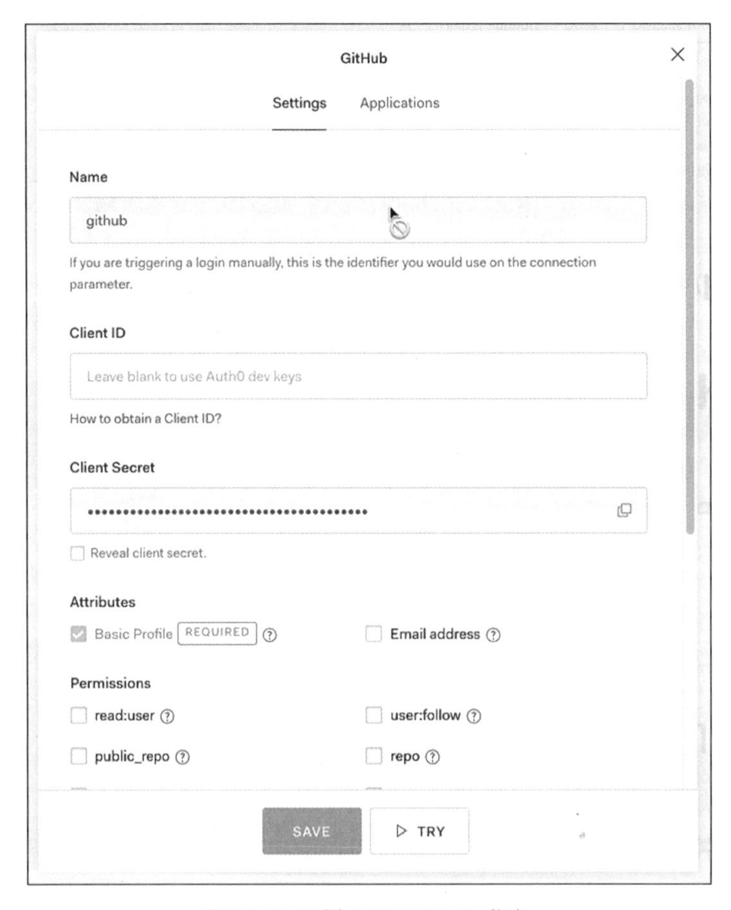

图 14-14　配置 GitHub OAuth 信息

上述信息配置完成后，我们的 Auth0 账户就支持 GitHub 登录的能力了。最后，我们只需要启用新的登录方式即可。

同样在配置页面，选择 “Applications” 选项卡，勾选我们之前创建的应用 “WebApp”，并点击 “SAVE”按钮保存配置信息。

14.4.3 测试与认证

现在，第三方登录的配置工作已经完成，我们可以在应用中尝试通过 GitHub 账户进行登录了。

打开 http://localhost:3000/。若已存在登录状态，则点击“注销”按钮。随后再点击“登录”按钮，跳转到 Auth0 登录页面。这时候，如图 14-15 所示，将看到登录方式中增加了通过 GitHub 账户登录这种方式。

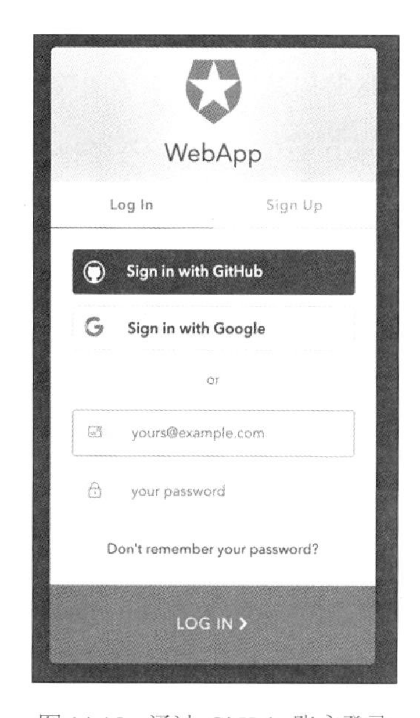

图 14-15 通过 GitHub 账户登录

点击“Sign in with GitHub”按钮后，将跳转到 GitHub 授权页面。根据提示引导，完成账户授权后，将自动跳转回应用，并将展示用户在 GitHub 中的账户信息。

至此，我们通过简单的配置，没有编写一行代码，就完成了一个支持通过 GitHub 账户进行登录的 Web 应用。

14.5 扩展：详解 JWT

无论是认证（Authentication）还是授权（Authorization），我们都离不开令牌（Token）。令牌有哪些类型、如何保障令牌的安全传输一直是 Web 安全工作的重中之重。

讲到令牌，就不得不提到如今十分流行的令牌解决方案：JSON Web Token（JWT）。即使直接使用像 Auth0 这样基于 Serverless 架构的 BasS 服务，我们仍有必要了解与登录、授权相关的令牌是如何安全地进行生成、传输和保存的。这样才能防止因对令牌的误用或不当操作而导致不必要的安全风险。

为什么我们上面介绍的 OIDC 和 OAuth 协议，它们都不约而同地选择了 JSON Web Token（JWT）作为其令牌的编码和传输方式呢？什么是 JWT？它的优点是什么？我们应该如何应用 JWT？

通过对本节的学习，读者将对这些问题有一个明确的答案。

实际上，JWT 至今已被广泛采纳和使用，甚至部分被错误地应用在不恰当的场景中。因此，我们需要对 JWT 有一个全面的了解，这样才能避免对它的误用。我们首先应当知道，在 JWT 诞生之前，令牌的运转机制和传输方式是如何实现的、当时的问题是什么。了解了这一点，可以让我们更好地理解 JWT 到底是为了解决什么问题而被定义出来的。

下面，让我们从令牌谈起。

14.5.1 令牌的类型

在软件领域，令牌（Token）是指有权力执行某些操作或访问某些数据的凭据。比如在上面的例子中，OAuth 授权后，返回给第三方应用的令牌，就是允许第三方应用查询用户某些特定数据的凭证。实际上，在 OAuth 授权时，授权服务器将返回两种不同的令牌给第三方应用服务器，分别是访问令牌（Access Token）和刷新令牌（Refresh Token）。

访问令牌，就是用于直接请求数据的凭据。如图 14-16 所示，当第三方应用将令牌发送给资源服务器时，资源服务器可以使用令牌中包含的信息来确定第三方应用是否授权允许操作。访问令牌有较强的时效性，其有效期通常较短。

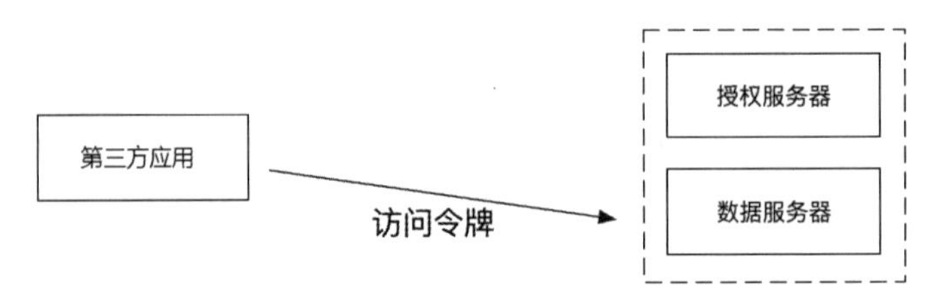

图 14-16 第三方应用通过访问令牌查询数据

刷新令牌，则是用来获取访问令牌的令牌。如图 14-17 所示，当第三方应用需要访问数据资源时，如果访问令牌已经过期，则需要使用刷新令牌来向授权服务器获取新的访问令牌，再通过新的访问令牌向数据服务器发起请求。刷新令牌的有效期通常很长，除非出现因数据泄露等极端情况而导致令牌重置等，否则可以认为它是长期可用的。

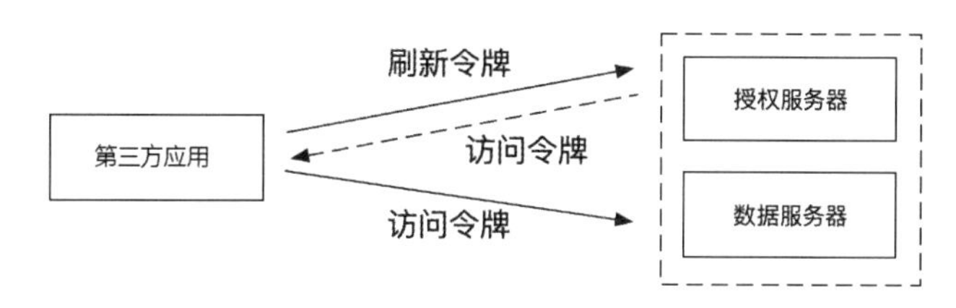

图 14-17　第三方应用通过刷新令牌获取访问令牌

从这两种令牌的使用场景可以看出，对于刷新令牌来说，由于其有效期较长，并且能用来获取访问令牌，因此我们需要更加严格地保障其安全性。而访问令牌由于其有效期较短，并且可以通过刷新令牌来更新，因此访问令牌在安全性方面的要求和刷新令牌相比，会更宽松一些。通常，访问令牌允许直接保存在第三方应用的客户端中，以便能够直接向数据服务器发起请求；而刷新令牌则需要保存在第三方应用的服务端中，以确保其安全性。

14.5.2　构造一个令牌

在传统的令牌生成方案中，无论是刷新令牌还是访问令牌，都是通过某种随机算法来生成的字符串实现的。当用户将携带着访问令牌的请求发送到数据服务器时，数据服务器无法独立地确认令牌的真实性（是否由授权服务器颁发）和有效性（是否已经过期）。因此，数据服务器在收到请求后，往往还需要在内部通过授权服务器的接口进行认证，以确定访问令牌是否可用。

这给通常无状态的数据服务器带来了额外开销。另外，由于每次第三方应用对数据服务器的请求都需要依赖授权服务器鉴权，因此这还使得数据服务器与授权服务器之间会形成耦合。

那么，是否有一种方式，可以让数据服务器自行完成访问令牌认证的方案呢？首先我们知道，用户授权认证的过程应该包含以下 3 点判断：

（1）这个令牌是由授权服务器颁发的。

（2）这个令牌中包含的授权信息可以表明这个请求是合法的。

（3）这个令牌没有过期。

若要不依赖授权服务器，数据服务器就需要能独立地认证这 3 点。在认证第 2 点和第 3 点时，因为数据服务器需要明确授权范围和有效期，所以这个令牌就不能是一个随机数。

似乎我们可以通过使用明文传输令牌内容的方式来解决这个问题，示例如下：

```
{ admin: 'true', expire: '2020-12-31 23:59:59'}
```

但是这样一来我们就无法判断令牌的来源，这将存在极高的安全风险。在互联网中，信息的传输是不可靠的，传输中可能遭到中间人的篡改；即使没有中间人的篡改，客户端也可以修改令牌内容后再来请求服务器。

因此，为了解决篡改问题，我们可以考虑采用加密传输来解决这个问题。我们可以通过私钥和公钥来加密/解密令牌内容，从而实现授权服务器和数据服务器的解耦。其令牌示例如下：

```
{ token: '<secret>'}
```

在授权服务器中，将明文令牌进行加密后，返回给第三方应用。第三方应用向数据服务器请求时，数据服务器再对其进行解密验证。使用加密技术安全地传输令牌的流程如图 14-18 所示。

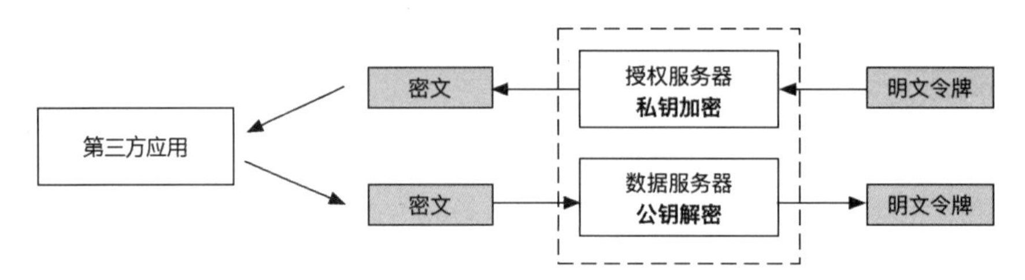

图 14-18　使用加密技术安全地传输令牌

这样，我们就能够在满足第 2 点和第 3 点的情况下，让令牌安全地传输了。然而，这样似乎又回到了原点。令牌加密后，第三方应用同样也就无法获得令牌中的信息了。这时，我的希望在第三方应用中展示授权的用户信息，或者希望在发起请求前先判断令牌是否过期，都是无法实现的。

为了解决这个问题，传统方式就是让数据服务器请求授权服务器进行验证，而我们希望能够避免这个过程。因此，我们可以考虑通过在令牌中额外返回第三方应用所需要的信息来解决该问题，令牌示例如下：

```
{ token: '<secret>', admin: 'true', expire: '2020-12-31 23:59:59'}
```

这样一来，即使明文内容遭到篡改，也只会影响在第三方应用中的展示问题，数据服务器仍然是通过加密令牌中的信息进行验证的。但是，这样将数据同时使用加密内容和明文内容传输可导致内容重复的问题，并使得传输数据的内容增加了 1 倍。那么有没有一种方式，既可以用明文传输信息，又同时实现了防篡改的能力呢？

这就是数字签名（Digital Signature）。

数字签名是一种功能类似于写在纸上的普通签名，并通过非对称加密技术，鉴别数字内容完整性的方法。也就是说，数字签名实际上就是一种确认、证明内容合法性的方法。

下面举一个实际生活中的例子。假如我们需要申请采购办公用品。在 OA（办公自动化）流行起来之前，通常需要我们打印希望购买货品的采购单，然后向部门领导报批。当部门领导查看了采购单的内容并确认无误后，会在采购单上签字确认。这时候，我们就可以将这个有了部门领导签名的采购单交给采购部门，由他们负责采购了。采购部门会通过该签名，确认该采购单是否已获得部门领导的批准，并在确认完成后执行采购操作。

在这个例子中，采购单就是我们希望传输的信息，而部门领导的签字则是数字签名。就像每一个采购单都会有一个独自的签名一样，针对每一个需要传输的信息，也会生成对应的数字签名。使用数字签名验证令牌的颁发者的流程如图 14-19 所示。

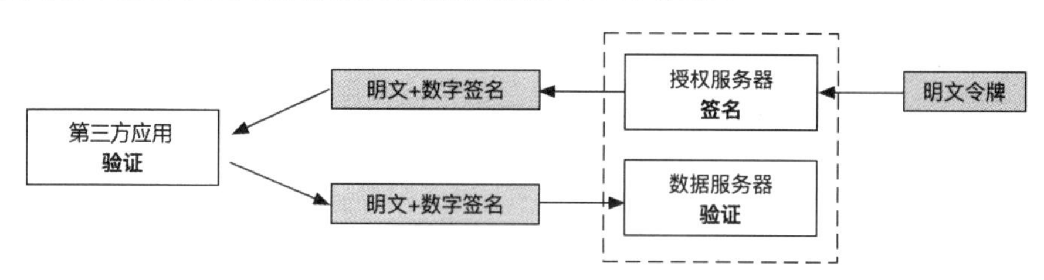

图 14-19　使用数字签名验证令牌的颁发者

前面我们讲解了这么多关于令牌生成方式的内容，这到底和主题“JWT”有什么关系呢？

实际上，JWT 的核心就是建立在数字签名基础之上的。它给在多个应用间安全地传输数据提供了标准。也就是说，JWT 本质上是一个让数据安全传输的协议，它定义了数据传输的方式。

至此我们已经介绍了 JWT 的关键技术“数字签名”的概念和用法。接下来介绍 JWT 规范的完整定义和流程。

14.5.3 深入理解 JWT 原理

我们已经介绍了 JWT 的核心工作原理，即通过数字签名，防止数据在互联网的传输中被篡改，以实现内容的安全传输。从标准来看，JWT 规范只定义了数据格式以及签名方式，并没有定义其使用场景，因此这造成了数字签名的很多误用场景。关于数字签名的正确使用场景我们将在后面介绍，本节将介绍 JWT 协议中对于数据格式和签名方式的约定。

JWT 实例实际上是一个字符串，从结构上来说，它由三部分组成，分别是头信息（Header）、消息内容（Payload）和签名（Signature），它们之间使用小数点符号“.”连接，其结构示例如下：

```
<Header>.<Payload>.<Signature>
```

第一部分的头信息（Header）主要用来说明令牌的类型以及所使用的签名算法（如 HMAC、SHA256、RSA 等）。下面是一个头信息的示例：

```
{
  "alg": "HS256",
  "typ": "JWT"
}
```

其中，JWT 表示令牌的类型， HS256 则表示签名算法。

在实际应用中，令牌可能通过 URL 来进行传输。因此在 JWT 标准中要求，如果要在 URL 中传输，则需要对这个 JSON 进行 Base64 URL 编码。将上述示例进行编码后，将得到如下结果：

```
eyJ0eXAiOiJKV1QiLCJhbGciOiJIUzI1NiJ9
```

> 注：Base64 URL 只是一种编码方式，并不是一种加密方式。转码后的内容可以再直接被转码回原文，因此，可以认为该内容是未加密的。

第二部分的消息内容（Payload）为消息的主体部分。与 Header 相同，这里也使用 JSON 格式，并采用 Base64 URL 编码。众所周知，JSON 的内容是由多个键值对组成的。在 JWT 的这些键值对中，对 Key 所能使用的值做了一个简单的归类，JWT 将这些键值对的 Key 称为声明（Claim）。声明的类型主要分为 3 种，分别是注册的声明（Registered Claim）、公开的声明（Public Claim）和私有的声明（Private Claim）。

注册的声明指的是在 JWT 标准（RFC 7519）中声明的 Key，它一共包含 7 个 Key。JWT 为了减少不必要的开销，约定这些定义均由对应单词的 3 个字母缩写构成。这 7 个 Key 如下所示。

◎ iss（Issuer）：令牌的颁发者。当需要告知第三方应用颁发者信息时，使用这个字段。

◎ sub（Subject）：令牌的主题。用于表明这个令牌的使用场景或目的，比如用于“授权”或”信息交换”。

◎ aud（Audience）：令牌的受众群体。通常指的是接收方。如果有明确的接收方，就可以考虑使用这个 Key。

◎ exp（Expiration Time）：令牌的过期时间。该字段指的是，若当前时间超过了它所表示的时间，则整个令牌将无效。

◎ nbf（Not Before）：不早于的时间。这表示令牌的生效时间，其含义与 exp 相反。也就是说，若当前时间早于该字段所表示的时间，则该令牌处于尚未生效的状态。

◎ iat（Issued At）：令牌的签发时间，通常指的是生成令牌的服务器时间。

◎ jti（JWT ID）：令牌的编号。该字段主要用来实现令牌的作废操作。通常最新的 ID 编号表示令牌有效，小于该编号的令牌都是无效的。

这些 Key 都是可选的，但为了增强令牌整体的可交互性，我们在实际应用中应该尽量实现它们。

第二种是公开的声明。它服务于那些使用 JWT 的机构。当这些机构需要新的声明时，应该先向 JWT 统一申请。这种公开的声明主要用来避免定义声明时发生冲突。比如 OIDC（OpenID Connect）身份认证授权协议和 ETSI（European Telecommunications Standards Institute，欧洲电信标准协会）作为不同的机构，若没有一个统一的地方来查询当前已有的声明，则极有可能会出现定义相同的声明。这样一来，开发者将无法在同一个应用程序中使用这两种声明。因此，机构在定义新的声明前，需要先查询该声明是否已被定义。（可以在链接 27 查到所有的公开声明。）

最后一种是私有声明，这是应用根据自己业务设定的自定义声明，这种声明只需当前应用与要交互的其他应用提前约定即可。

综上，消息内容实际上就是由不同的声明和它的值所组成的。下面是一个消息内容的示例，它使用了 5 个注册声明和一个私有声明：

```
{
  "iss": "zack",
  "iat": 1577836800,
  "exp": 1609459199,
  "aud": "www.example.com",
  "sub": "zack@example.com",
```

```
  "admin": "true"
}
```

随后我们同样对它进行 Base64 URL 编码，将得到以下字符串：

```
eyJpc3MiOiJ6YWNrIiwiaWF0IjoxNTc3ODM2ODAwLCJleHAiOjE2MDk0NTkxOTksImF1ZCI6Ind3
dy5leGFtcGxlLmNvbSIsInN1YiI6InphY2tAZXhhbXBsZS5jb20iLCJhZG1pbiI6InRydWUifQ
```

第三部分是签名（Signature），即我们在之前提到的数字签名。它用于确保令牌确实是被签发者颁发的，同时保障令牌的内容没有被修改。因此，具体的签名内容是基于头信息和消息内容两部分的正文，通过头信息中指定的编码方式生成的。

如下是一个签名生成算法的示例代码。根据 JWT 协议的约定，它将头信息和消息内容的 Base64 URL 编码版本采用“ .”进行连接，再使用密钥 secret ，通过 HMAC-SHA256 算法进行加密。

```
HMACSHA256(base64UrlEncode(header) + "." + base64UrlEncode(payload), secret)
```

这里为了便于演示，我们随机生成一个密钥 JfYQiQWyPlZ9fNlX4P4nQNKGOTcVJNH4，把它作为 secret 传入上面的代码后，最终将得到如下签名字符串：

```
PpvCif-pZ_tvpvL6W0szA2W4dP28ELSCZc2UOWYM0L8
```

最后，我们将上面的 Header、Payload、Signature 三部分拼接到一起，中间以“.”进行区分。即以<Header>.<Payload>.<Signature> 的形式合并，最终将得到完整的令牌内容，如下所示：

```
eyJ0eXAiOiJKV1QiLCJhbGciOiJIUzI1NiJ9.eyJpc3MiOiJ6YWNrIiwiaWF0IjoxNTc3ODM2ODA
wLCJleHAiOjE2MDk0NTkxOTksImF1ZCI6Ind3dy5leGFtcGxlLmNvbSIsInN1YiI6InphY2tAZXh
hbXBsZS5jb20iLCJhZG1pbiI6InRydWUifQ.PpvCif-pZ_tvpvL6W0szA2W4dP28ELSCZc2UOWYM
0L8
```

如图 14-20 所示，这里生成的令牌可以在 JWT 官网（参见链接 28）提供的 Debugger 工具中进行快速验证。我们只需要填入生成的令牌以及密钥，就可以确认该令牌的合法性。

注：由于我们这里使用的令牌生成算法 HS256（RSA-SHA256） 是一种对称算法，因此该算法使用加密时的密钥来验证令牌的有效期。在实际应用中，若验证工作是由自身服务以外的第三方服务完成的，则为了确保密钥的安全性，我们应该使用 RS256 （HMAC-SHA256）之类的非对称算法。该算法分别提供了不同的私钥和公钥，以生成签名和验证。生成签名的私钥应由服务的提供方妥善保管，而对外仅提供用于验证的私钥。

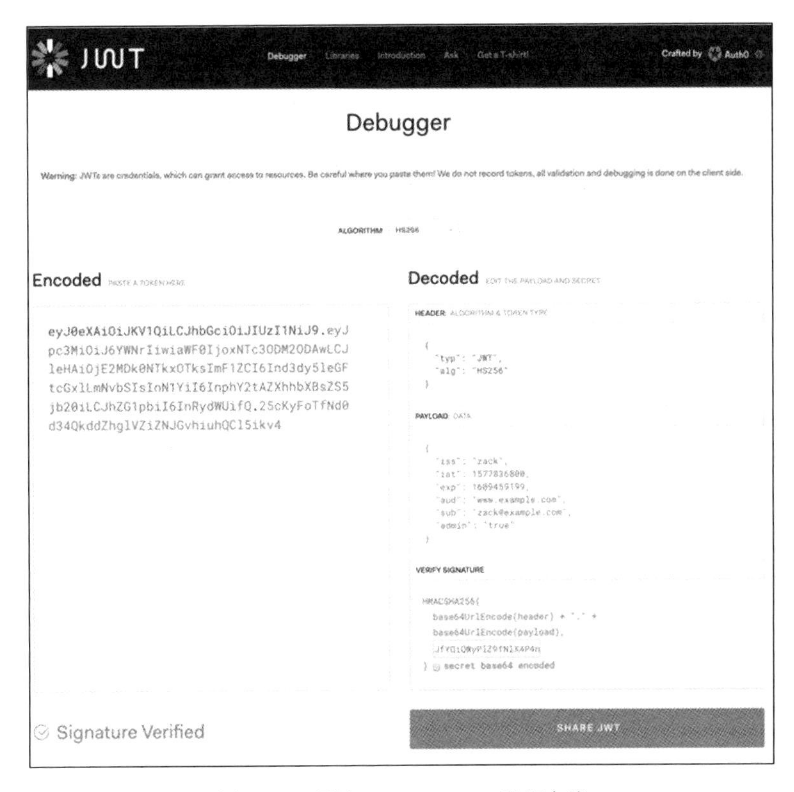

图 14-20　通过 JWT Debugger 验证令牌

至此，我们讲解了一个 JWT 令牌是如何生成的。JWT 令牌的构建过程如图 14-21 所示。

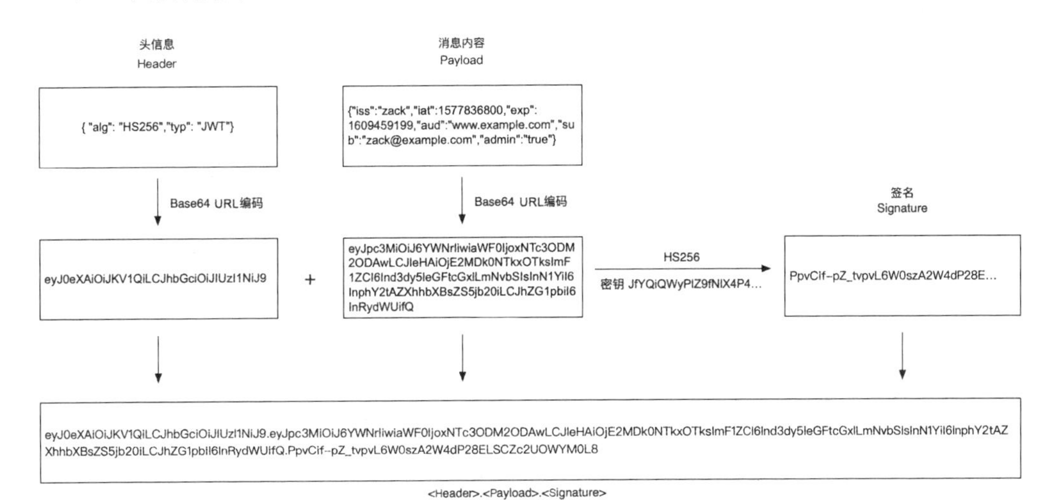

图 14-21　JWT 令牌的构建过程

14.5.4 JWT 的优势/劣势与应用场景

了解了 JWT 的生成机制后，接下来我们将探讨其优势/劣势，以便于我们在实际业务中找到合适的应用场景。

通过前面的介绍，我们可以了解其具备如下这些优势：

◎ **防篡改能力**：由于令牌中包含数字签名信息，因此，如果消息的正文被修改，就导致签名信息与正文无法匹配，从而令牌的接收方可知消息正本已被颁发者以外的第三方所修改。

◎ **安全性高**：支持基于 HMAC 的非对称加密算法。只需要接收方通过公钥，就能鉴定令牌的合法性。只要颁发者妥善保存私钥，恶意攻击者就无法生成能被验证的合法令牌。

◎ **格式通用**：由于 JWT 各部分都采用 JSON 格式组织，因此，它对前端研发人员十分友好，无论是浏览器还是 Node.js，通过内置函数就能解析 JSON 对象。

然而，目前部分研发人员对 JWT 的理解似乎出现了一定的偏差，这导致 JWT 经常被错误地应用。在这些错误的应用场景中，危害最严重的一个场景是“使用 JWT 代替 Session”。下面我们将通过探讨使用 JWT 来替换 Session（会话）的问题所在，了解 JWT 的实际意义和价值，最终学习其正确的应用场景。

在谈到 JWT 替代 Session 之前，我们首先需要知道什么是 Session。

Session 指的是在 Web 应用中，对用户会话（User Session）状态和上下文的管理。由于在 Web 应用中，HTTP 是无状态的，当浏览器发起多个请求时，服务器并不知道这些请求是否来自同一个用户。因此当客户端第一次请求服务器时，服务器将颁发一个 SessionId 给客户端，随后客户端需要在所有请求中都附带这个 SessionId。这样一来，服务端就能通过该 SessionId 是否相同来判断这些请求是否是同一个用户了。

不过 Session 通常不会独立使用，它往往需要和 Cookie 配合。正如之前的例子所示，当客户端第一次发起请求后，服务端会生成一个 SessionId 返回给客户端，但是，如何让客户端在之后的请求中都附带该信息呢？

实际上，服务端是通过 Set-Cookie 指令来返回 SessionId 的。根据 HTTP 协议的约定，这个指令会让客户端将该信息保存到浏览器的本地 Cookie 中。并且，在随后针对该域名发起的请求中，都将自动附带这个 Cookie 信息。

让我们还是以用户登录的场景为例进行讲解。当用户登录后，服务端将生成一个令牌，并将该令牌返回给客户端保存。这样，当用户下次访问时，只需要携带该令牌，就可以认证用户身份了。通过 Session 与 Cookie 识别客户端的整体流程如图 14-22 所示。

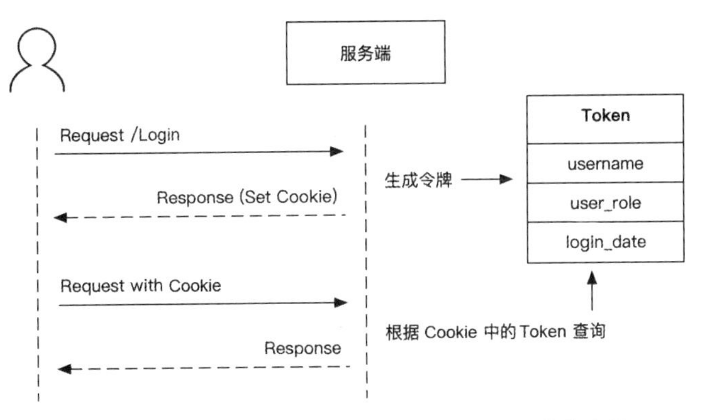

图 14-22　通过 Session 与 Cookie 识别客户端的整体流程

了解了 Session 与 Cookie 的协作方式后，让我们再回到服务端，看看 Session 的存储方式。在服务端生成 Session 后，通常会将 Session 及对应的信息暂时保存在服务器内存中。但随着应用规模的扩大，原来单台服务器的部署方式已经变成了集群部署方式。这时候问题来了：同一个用户的多次请求可能被分发到不同的服务器中，如此一来，不同服务器中的 Session 应该如何共享呢？

为了实现不同服务器中 Session 的共享，我们需要将 Session 保存在一个公共的存储服务中，通常是 Redis 数据库，其流程如图 14-23 所示。将第一次请求的用户信息写入公共数据库，以便定义用户下次请求时，可使用客户端发送的 Cookie，到数据库中查询对应的信息。

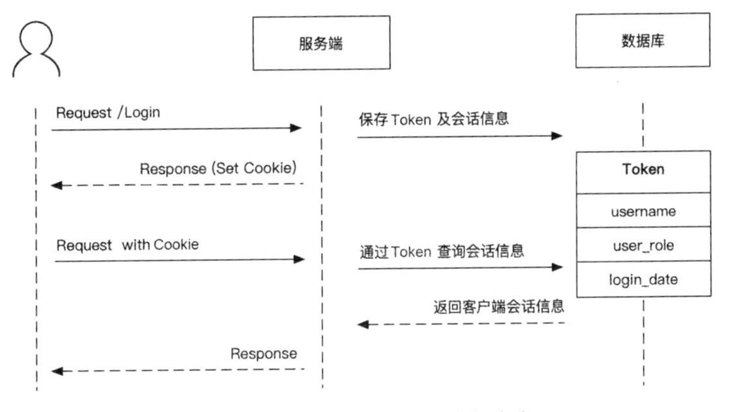

图 14-23　将 Session 保存在数据库中

介绍完 Session 后，终于可以回到我们的主题——JWT 了。我们来看一下 JWT 是否能够取代 Session。

在查询了网络中分享的各种实践和案例后，我们发现多数实践和案例是直接用 JWT 来保存用户的所有信息的，代替了以往通常使用客户端 SessionId 与服务端的完整数据来保存用户登录状态的形式。这样一来我们就无须在服务端保存这些信息，也就无须单独地存储服务来进行持久化了。当用户发起请求时，直接附带 JWT 即可，服务端使用公钥即可验证令牌的合法性。

这看起来似乎是可行的，并且有一定收益，但也带来了诸多问题。

首先是安全性问题。通常服务端需要用到很多信息，这些信息只会部分返回给客户端进行展示。通过 SessionId，我们可以控制只向客户端返回需要的数据，将其他数据保存在 Session 背后的数据库中。而如果我们采用 JWT，就不得不将所有信息都返回给客户端。这样我们就对客户端暴露了额外的信息。

其次是性能问题。由于 JWT 令牌包含了所有信息，因此该信息内容占用的空间较大，且每次发送请求时都会将这些信息内容发送给服务器，这造成了不必要的数据传输，如此种种会使请求的耗时有所增加。

再次是数据的有效性问题。在 Cookie 的方案中，由于每次客户端请求时都会把 Cookie 发给服务端验证，因此当令牌失效时，我们可以直接将它移除，这是浏览器内置的能力。但在 JWT 的方案里，若要实现同样的功能，我们就需要一个复杂的控制逻辑，否则我们无法轻易地在有效期之前移除这些令牌。这带来了额外的成本。

最后是数据的时效性问题。这比较类似于前端研发人员经常遇到的浏览器缓存问题，但比它带来的危害严重得多。该问题指的是当令牌中保存的用户信息在服务端发生变更时，我们无法及时通知客户端更新它们。比如，我们在 JWT 中保存了一位用户的管理员角色信息，这时候由于某种原因，该角色在系统中被移除了。由于我们无法让已经下发的令牌无效，因此我们也就没法撤销那些已经采用该角色信息登录的终端。这时候当它发起请求后，服务端只会校验这个令牌的合法性，却并不知道其中的信息已经更新。由于这个令牌本身就是服务端颁发的，因此它可以通过校验。最终，其管理员角色和相应的权限，将一直保持到超过令牌的有效期为止。

如此看来，用 JWT 来取代 Session 并不是一件有意义的事情。JWT 具体的应用场景是什么呢？其实我们在本章中介绍的 OAuth 协议（以及 OIDC）的应用方式，是 JWT 的典型应用场景之一。要使用 JWT，它应该具有两大特点：

（1）跨系统的数据交换：出于安全性的考虑，JWT 应该使用于服务端多个应用之间的数据交换场景，而不是服务器与客户端之间的数据交换场景。当 A 系统希望向 B 系统发送消息，并且希望该消息不会因消息在网络中传输而遭到篡改时，就应该使用像 JWT 这样能够在接收方验证消息完整性的协议来发送。

（2）数据的有效期较短：由于有我们前面提到的“有效性”和“时效性”问题，不应该设置一个长期有效的令牌，因此这个交换的数据或令牌应该只有一个较短的时效。

结合以上两个特点，下面我们通过一个实际案例来探讨 JWT 的具体应用方式。

假设我们提供了一个付费的文件下载服务站点。也就是说，在这个站点中，不同的文件有不同的价格。当用户希望获取某个文件时，首先需要付费，之后才能下载。我们考虑一下下载的具体逻辑。由于是付费下载，因此当用户请求文件时，应该先确定用户是否有权下载。如果用户已经购买了相关文件的许可，则可将对应的文件返回到客户端。基本的文件下载服务架构如图 14-24 所示。

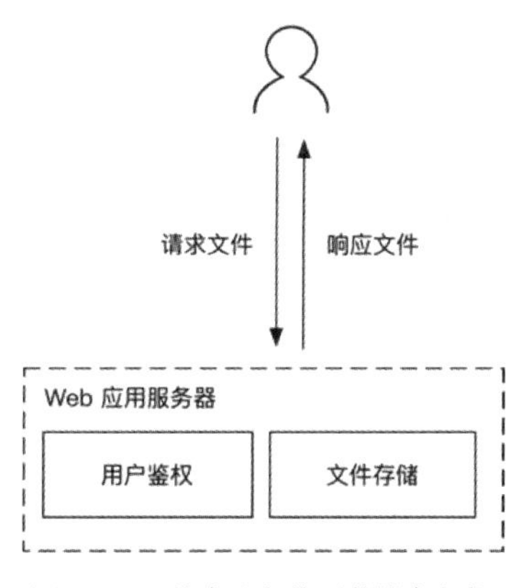

图 14-24　基本的文件下载服务架构

不过，随着业务的发展，一台服务器已经无法承载用户的并发流量。同时，将这些文件和提供服务的应用部署在同一个服务器中也是不安全的，我们需要通过前面介绍的云存储服务来保存这些文件。如图 14-25 所示，我们建立了提供 Web 服务的服务器集群。当用户请求下载文件时，Web 应用服务器将进行权限的验证，随后向文件存储服务器请求具体的文件，最后将文件返回给用户。

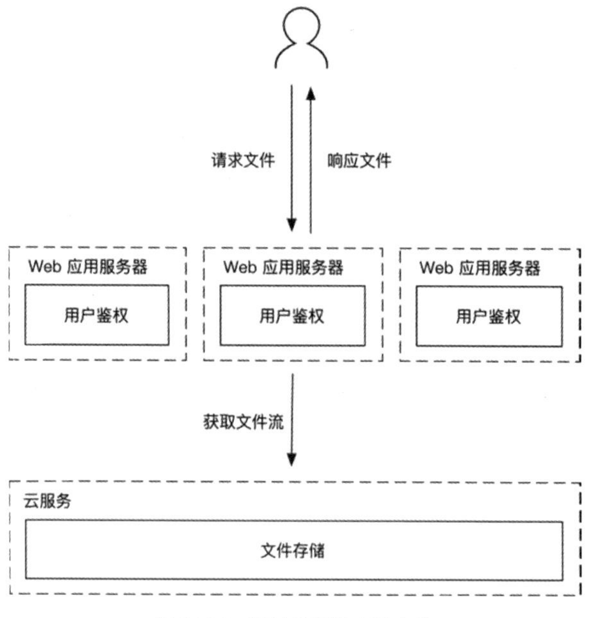

图 14-25 通过云服务存储文件

随着业务的进一步扩大，这种架构的问题也开始凸显出来。从其架构上可以看出，每一个下载请求都需要经过 Web 应用服务器。也就是说，Web 应用服务器需要从文件存储服务器中将文件读取出来，再返回给客户端。这样在规模不大时这种架构还能被接受，但数据规模大了之后，就会给应用服务器带来巨大的带宽压力。同时，由于文件传输需要占用大量的带宽，因此这也可能会影响站点提供的其他 Web 服务（如文件检索等）。

因此，在这种情况下我们应该用独立的文件服务器来提供文件下载服务，让 Web 应用服务器与文件服务器分离。当用户在 Web 站点中，点击文件下载链接后，Web 应用服务器将颁发一个临时令牌，附带在文件服务域名的链接中，让客户端重定向到该链接。具体示例如下：

```
https://www.download.com/?fileNo=123&token=abc
```

当文件服务器收到请求后，会取出 Token，通过内网调用授权服务，确定 Token 的有效性。

以上场景正是 JWT 可以大展身手的地方。

使用了 JWT 之后，可以避免 Web 应用服务器与文件服务器的耦合。我们只需要颁发一个基于 JWT 的如下令牌，文件服务器就可以自行校验令牌的有效性。令牌示例如下：

```
{
  "iss": "zack",
```

```
  "iat": 1577836800,
  "exp": 1609459199,
  "fileNo": 123
}
```

通过令牌实现独立的文件服务器，如图 14-26 所示，Web 应用服务器颁发的令牌，可以直接在文件服务器中进行鉴定，最终直接从文件服务器中将文件返回客户端。

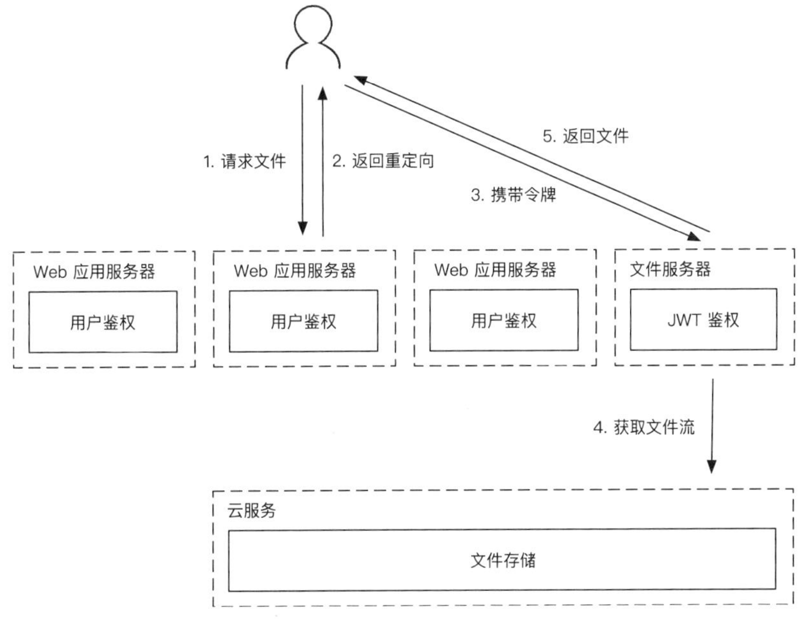

图 14-26　通过令牌实现独立的文件服务器

这样一来，文件服务器与 Web 应用服务器之间就解耦了，如果有其他应用需要使用文件服务器，则只需要实现相同的令牌生成逻辑，其背后的文件鉴权服务就可以直接复用。

本章小结

在本章中，我们通过对比 OpenID 与 OAuth 协议，了解了应用身份认证与授权登录的区别。随后，我们学习并实践了如何通过 Auth0 来创建一个基于 Serverless 架构的身份认证系统，让我们的应用程序在不依赖任何后端服务的情况下，就能完成用户注册、用户登录以及密码找回等一系列功能。同时，我们通过 Auth0 中内置的 OAuth 协议，完成了与 GitHub 账户的打通工作，让用户可以直接通过 GitHub 账户授权的方式完成第三方登录。最后，我们还扩展学习了在授权登录中令牌生成的标准规范——JWT 的价值、内部原理以及应用场景。

通过对 BaaS 服务的系统学习，我们了解了 BaaS 的定义，同时学习了 BaaS 中最重要的数据持久化、文件存储以及身份授权的相关方案。结合 FaaS 的云函数，BaaS 所具备的能力已经可以覆盖我们在小程序、Web 应用、移动应用以及桌面应用中的大多数后端开发工作。随着业务的发展和深入，我们可能需要更多的 BaaS 服务，如消息队列服务、消息推送服务、第三方支付服务、地理位置服务等。

最终，通过 BaaS 的全面应用，必可大幅降低应用的研发门槛，让那些优秀的想法能够更快地呈现在用户面前。